教育部高等学校高职高专测绘类专业教学指导委员会“十二五”规划教材

遥感测量

主　编　吴华玲　王　坤
副主编　周　健　徐效波
主　审　王春祥

黄河水利出版社
·郑州·

内 容 提 要

本书系统而全面地阐述了遥感测量的基本原理、数据处理方法与应用。主要内容包括:遥感测量的理论基础,遥感的基本概念和特性,遥感信息的获取平台,遥感数据的特点及存储格式,遥感数据的获取和处理系统,遥感图像几何校正、辐射校正、图像拼接、图像融合等预处理,遥感图像增强技术,遥感图像的目视判读和计算机自动识别分类,遥感技术在各个领域的应用。每章后面配有习题,以便学生课后练习和复习。

本书可作为高职高专院校测绘、遥感、地理信息系统等相关学科的专业教材,也可供测绘及相关专业的工作人员参考使用。

图书在版编目(CIP)数据

遥感测量/吴华玲,王坤主编. —郑州:黄河水利出版社,2012.8

教育部高等学校高职高专测绘类专业教学指导委员会"十二五"规划教材

ISBN 978-7-5509-0264-0

Ⅰ.①遥… Ⅱ.①吴… ②王… Ⅲ.①测绘-遥感技术-高等职业教育-教材 Ⅳ.①P237

中国版本图书馆 CIP 数据核字(2012)第 096887 号

出 版 社:黄河水利出版社

地址:河南省郑州市顺河路黄委会综合楼 14 层 邮政编码:450003

发行单位:黄河水利出版社

发行部电话:0371-66026940、66020550、66028024、66022620(传真)

E-mail:hhslcbs@126.com

承印单位:黄河水利委员会印刷厂

开本:787 mm×1 092 mm 1/16

印张:9.5

字数:231 千字 印数:1—4 100

版次:2012 年 8 月第 1 版 印次:2012 年 8 月第 1 次印刷

定价:20.00 元

教育部高等学校高职高专测绘类专业教学指导委员会
“十二五”规划教材审定委员会

序　一

职业教育是为我国国民经济建设和发展作出重要贡献的教育类型。近20年来,我国高职高专教育得到了迅速发展,可以说现在已经占据了我国高等教育的半壁江山。特别是近几年来,被定位于“以就业为导向”的职业教育,为国家第二、第三产业的发展培养出了大批技能型高端人才,为国家的经济建设和社会发展,以及为我国建成世界第二大经济实体国家发挥着积极的作用,并作出了重要贡献。其中,我国测绘类高职高专教育及其人才培养同样取得了巨大的进展。为了不断推动测绘类高职高专人才培养工作的建设、改革和发展,2004年教育部委托国家测绘局组建和管理高等学校高职高专测绘类专业教学指导委员会,并作为一个分委员会隶属教育部高等学校测绘学科教学指导委员会。分委员会成立后即开展了高职高专测绘类专业设置的研制,继而规划、组织了“十五”规划教材的编写,并经过教材审定委员会严格审定后,经协商确定,该套教材统一由黄河水利出版社出版。“十五”规划教材的按期出版和投入使用,满足了高职高专测绘类专业的教学需求,起到了有力的教学保障作用,收到了良好的效果。

2006年教育部提出,高等学校高职高专专业教学指导委员会(包括测绘类专业)独立设置开展工作,并由教育部高教司直接管理。在此期间,教学指导委员会按照教育部的要求开展了“高职高专测绘类专业规范”和“高职高专测绘类专业教学基本要求”的研制和上报工作。为了适应当前国内外测绘技术的新进展和经济社会发展对高职高专人才培养的新要求,高等学校高职高专测绘类专业教学指导委员会重新规划并组织“十二五”规划教材的编写和出版。新一批成套的规划教材是按照教育部的要求,依据“高职高专测绘类专业规范”和“高职高专测绘类专业教学基本要求”的规定编写而成的,此套教材仍然按照第一批规划教材出版协议,由黄河水利出版社统一出版。希望本套教材能在高职高专测绘类专业的人才培养中发挥更好的作用。借此机会,再次对黄河水利出版社长期给予高职高专测绘类专业人才培养工作的支持表示衷心的感谢!

虽然有“十五”规划教材的基础,也有了20年来高职高专测绘类专业人才培养的成绩和经验,但是在高职高专人才培养中仍存在地区和行业的差异,以及其自身的特点。既是规划教材,我们希望有测绘类专业的高职高专院校能在教学中使用这套教材,并在使用中发现问题,提出意见,以便今后教材的修订和不断完善。

教育部高等学校测绘学科教学指导委员会主任委员

中国工程院院士

宁津生

2011年12月10日　于武汉

序　二

近年来,我国高等职业教育蓬勃发展,测绘高等职业教育也随之大发展。目前,已有120余所高职院校设立了测绘类专业,每年有数万名在校生就读,有上万名测绘类专业的高职高专毕业生走向测绘与地理信息生产一线岗位,以及为相关行业部门提供测绘与地理信息保障的服务岗位。测绘类专业应用性技能型高端人才的培养,显现出招生、就业两旺的良好发展态势。

人才培养的教育教学工作,需要有教材的基础支持。早在2004年,教育部高等学校测绘学科教学指导委员会主任委员、中国测绘学会教育委员会主任委员、中国工程院院士宁津生倡导并亲自规划和组织,由教育部高等学校测绘学科教学指导委员会组织落实编写全国第一套测绘类专业高职高专规划教材。教材编写得到了各院校教学一线老师们的积极响应和支持。教材编写出版的整个过程,得到了宁津生院士等老专家的全程关心、支持和帮助。在初稿完成后,由宁津生院士任主任委员、陶本藻教授和王侬教授任副主任委员组成的教材编写审定委员会,对初稿进行了一一审查,并提出了修改意见,经主编修改再次审查通过后,经过审定委员会同意后出版。宁津生院士亲自和黄河水利出版社进行了商议,并达成协议,由黄河水利出版社给予支持和帮助,并承担出版任务。经过共同努力,教材按期出版和投入使用。该套在中原大地母亲河边出生的教材成为了我国高职高专测绘类专业整体规划设计的第一套教材,为高职高专测绘类专业人才培养发挥了基础性作用,改写了测绘高职高专教育没有成套教材的历史。该套教材受到了各院校的热烈欢迎,并得到了广泛的使用,其中的不少种教材由教育部批准成为了国家级“十一五”规划教材。

近年来,测绘新技术的应用发展迅速,测绘生产技术平台不断提升,需要迅速将测绘新技术引进课堂、引进教材;在教育部的大力推动下,对应用性技能型高端人才培养从实践到教育理论都进行了广泛而深刻的探索,并得到了新的经验。以系统化职业能力构建为本位,以与之相适应的理论知识为基础,走校企合作的道路,用工学结合的模式,以系统化的工作过程和项目为载体,追求实现人才培养的“知行合一”的目标,这样的教育思想得到了广泛的认可,并在人才培养中得到应用。培养出来的高职人才以其对就业岗位较强的切入能力、较好的适应能力和较高的职业发展能力逐渐得到社会的认可。

同时,经济、技术和社会的发展,对高职人才的培养也提出了新的要求。教育部高等学校高职高专测绘类专业教学指导委员会和黄河水利出版社遵照协议,共同商议组织高职高专测绘类专业“十二五”规划教材的编写和出版。在策划和组织的时候,教育部组织研制的专业规范和教学基本要求已经完成,这为教材的编写奠定了基础。教育部高等学校高职高专测绘类专业教学指导委员会期望通过编写团队、专家和出版社的共同努力,立足已有基础,高水平编写并按期出版新一套规划教材,希望各院校积极使用新编“十二五”规划教材,让教材为促进高职测绘教育的可持续科学发展发挥积极作用。

衷心感谢宁津生院士、陶本藻教授、王侬教授对高职高专测绘类专业人才培养工作一路走来的支持、关心和帮助！衷心感谢为本套教材的编写付出了心血的每一位老师！感谢黄河水利出版社为本套教材的出版而默默付出的每一位同志！

尽管有了良好基础，但由于地区、装备水平、服务行业等的差异，以及各院校老师对课程教学组织的个性化设计，对教材会有不同的要求，因此希望各院校在教材使用过程中能发现问题，提出意见，以便今后教材的修订和完善。

教育部高等学校高职高专测绘类专业教学指导委员会主任委员

赵文亮

2011 年 12 月 6 日　于昆明

前　言

遥感是20世纪60年代新兴的科学领域之一。它是人类迈向太空,对地观测,获取地表空间信息的一种先进科学技术和生产力。遥感技术是对地观测数据快速获取与处理的重要手段,遥感测量是多学科相结合,利用航天或航空遥感器对陆地、海洋、大气、环境等进行监测与测绘的综合性很强的高技术,能够提供不同时空尺度、多层次、多领域、全方位的数据,已广泛用于测绘、气象、国土资源勘察、灾害监测与环境保护、国防、能源、交通、工程等诸多学科及领域,发挥了独特作用。经过半个世纪的探索和尝试,现在已经在实用化的方向上走出重要的一步。

从本质上讲,遥感是一种基于应用的学科,它包含了一系列的技术和方法,在处理地球科学和相关领域的问题中具有重大的价值。大多数水文、地理、农业、工程、林业、地质、环境以及城市规划领域的实践者基本上都是很专业的,使他们具有遥感知识可以在很大程度上提高他们的专业技能和实践能力。

目前,遥感测量技术已经成为我国地理空间信息产业的一个重要组成部分,发挥的作用越来越明显,并成为一些行业的支撑技术。因此,加强遥感专业技能的培养具有重要的现实意义。遥感测量课程是高职高专测绘类专业的重要专业课程,是培养和造就测绘类工科专业技术人才的主要课程之一,在培养综合型应用人才方面起着特别重要的作用。其任务是通过本课程的学习,了解遥感技术的发展,掌握遥感基本原理和方法,熟悉遥感测量技术的应用技能和应用领域。

本书可作为高职高专院校测绘、遥感、地理信息系统等相关学科的专业教材,也可供测绘及相关专业的工作人员参考使用。本书强调科学性、系统性、实用性和易读性,以讲解遥感的基本理论和遥感数据的基本处理方法为主,介绍了遥感在各个领域的应用实例,注重帮助学生掌握相关的实践技能。

本书共分八章,第一章和第二章由甘肃林业职业技术学院周健编写,第三章和第五章由吉林交通职业技术学院王坤编写,第四章和第八章由东华理工大学高等职业学院徐效波编写,第六章和第七章由东华理工大学高等职业学院吴华玲编写。全书由吴华玲负责统稿。郑州测绘学校王春祥担任本书主审,对本书提出了许多宝贵建议,在此表示衷心感谢。

由于编者时间和水平有限,全书难免存在缺点甚至错误,敬请读者批评指正。

作　者

2012 年 4 月

目　录

第一章　绪　论

遥感测量技术是20世纪60年代兴起的一种综合性对地探测技术,它促使摄影测量技术产生革命性的变化,从以飞机为主要运载工具的航空遥感,发展到以航天飞机、人造地球卫星等为运载平台的航天遥感,极大地拓展了人们的观测领域,形成了对地球资源和环境进行探测和监测的立体观察体系;同时在城市规划、环境保护、地质勘探、军事领域、农业和林业以及地震监测等方面有着广泛的应用。

第一节　遥感的概念

遥感(Remote Sensing),即“遥远的感知”,目前将遥感分为广义的遥感和狭义的遥感。

一、广义的遥感

广义的遥感泛指一切无接触的远距离探测,包括对电磁场、力场、机械波(声波、地震波)等的探测技术。

二、狭义的遥感

狭义的遥感主要指电磁波遥感,是指运用现代光学、电子学探测仪器,不与目标物直接相接触,从远距离把目标物的电磁波特性记录下来,通过分析、解译揭示出目标物本身的特征、性质及其变化规律的技术。

电磁波是遥感的信息源,人们通过大量实践,发现地球上每一种物质因为其固有的性质都会反射、吸收、透射和辐射电磁波。例如,绿色植物之所以能够呈现绿色,是因为叶子中的叶绿素对绿色波长的光反射强烈;接近纯净的湖水在遥感影像上呈现黑色,是因为水的反射率极低。物体的这种对电磁波固有的波长特性叫光谱特性,一切物体,由于其种类及环境不同,因而具有反射或辐射不同波长电磁波的特性。遥感就是根据这个原理来探测目标对象反射和发射的电磁波,从而获取目标信息,完成识别物体的技术。

第二节　遥感系统

遥感系统是一个从地面到空中,乃至空间,从信息收集、存储、处理到判读分析和应用的完整技术体系,能实现对全球范围的多层次、多视角、多领域的立体探测,是获取地球资源的重要现代高科技手段。

一、遥感过程

太阳辐射经过大气层到达地面,一部分与地面发生作用后反射,再次经过大气层,到达传感器,传感器将这部分能量记录下来,传回地面的过程,称为遥感过程。遥感过程包括遥感信息的获取、传输、处理及判读分析和应用的全过程。例如,森林发生火灾时,一个载有红外波段的传感器的卫星经过林火上空,传感器会拍摄到火灾周围的影像,由于着火的树木比没有着火的树木温度高,在影像上会表现出更亮的色调,所以经过专业人员的快速成图,消防员可以根据处理过的遥感影像图,看到着火区域和火势蔓延情况,快速做出人力和物力的调度,达到最大限度减灾。

二、遥感系统

遥感是一门对地观测综合性技术,它的实现既需要一整套的技术装备,又需要多种学科的参与和配合,因此实施遥感是一项复杂的系统工程。根据遥感的定义和过程,遥感系统包括目标物的电磁波谱特性、信息的获取、信息的接收、信息的处理和信息的应用五大部分。

(一)目标物的电磁波谱特性

任何目标物都具有发射、反射和吸收电磁波的性质,电磁波是遥感的信息源。目标物和电磁波的相互作用,构成了目标物的电磁波谱特性,是遥感探测的依据。

(二)信息的获取

在遥感过程当中,接收、记录目标物电磁波特性的仪器称为传感器,如扫描仪、雷达、摄像机、摄影机、辐射计等。传感器可接收和探测物体在可见光、红外线和微波范围内的电磁辐射。此外,装载传感器的平台称遥感平台,如地面三脚架、遥感车、气球、航空飞机、航天飞机、人造卫星等。

(三)信息的接收

传感器接收到目标物的电磁波信息,记录在胶片或者数字磁介质上,胶片由人或回收舱送至地面,而数字磁介质记录的信息可以通过卫星上的微波天线传输给地面的卫星接收站。

(四)信息的处理

信息的处理是指运用光学仪器和计算机设备对所获取的遥感信息进行校正、分析和解译处理的技术过程。信息处理的作用是通过对遥感信息的校正、分析和解译处理,掌握或清除遥感原始信息的误差,梳理、归纳出被探测目标物的影像特征,然后依据特征从遥感信息中识别并提取所需的有用信息。地面站接收到遥感卫星发送来的数字信息,记录在高密度的介质上,并进行一系列的处理,如信息的恢复、辐射校正、卫星姿态校正、投影变换等,再转换为用户可使用的通用数据格式,才能被用户使用。

(五)信息的应用

信息的应用是指专业人员按不同的目的将遥感信息应用于各业务领域的使用过程。信息应用的基本方法是将遥感信息作为地理信息系统的数据源,供人们对其进行查询、统计和分析利用。遥感的应用领域十分广泛,最主要的应用有军事、地质矿产勘探、自然资源调查、地图测绘、环境监测以及城市建设和管理等。

三、遥感特点

(一)可以实现大面积的宏观观测

在地球上进行资源和环境调查时,大面积同步观测所取得的数据是十分重要的,依靠传统的地面调查方法,实施困难,工作量大。而遥感观测可以提供最佳的获取信息的方式,并且不受地形阻断等限制,容易发现地球上一些重要目标物空间分布的宏观规律,而有些宏观规律,依靠传统方法难以实现。例如,一张比例尺为1∶35 000的23 cm×23 cm的航空像片,可反映出60余km^2的地面景观实况;一幅陆地卫星TM影像,其覆盖面积可达到34 225 km^2(即185 km×185 km)。可见,遥感技术可以实现大面积的对地宏观监测。

(二)可以实现动态观测

对地观测卫星可以快速且周期性地实现对同一地点的连续观测,即通过不同时相对同一地区的遥感数据进行变化信息的提取,从而达到动态监测的目的。例如,陆地卫星Landsat-4、5的运行周期是16天,即每16天可对全球陆地扫描成像一遍,NOAA气象卫星每天能接收到两次覆盖全球的图像,而传统的对地调查则需要几年甚至几十年才能完成大范围动态监测任务。因此,遥感测量技术为地球资源和环境研究提供了重要的数据源。

(三)技术手段多样,可获取海量信息

遥感技术可提供丰富的光谱信息,根据应用目的不同可选择不同性能指标的传感器及工作波段。例如,可采用紫外线、可见光探测物体,也可以用红外线和微波进行全天时、全天候的对地观测。高光谱遥感可以获取许多波段狭窄而光谱连续的图像数据,使本来在遥感探测中不可探测的物质得以被探测,如地质矿物分类。此外,遥感技术获取的数据量非常庞大,如一景包括7个波段的陆地卫星TM影像的数据量达到270兆,覆盖全中国范围的TM影像的数据量达到135千兆,远远超过了传统方法所获取的信息量。

(四)经济性

遥感与传统方法相比,可以大大节省人力、物力、财力和时间,因此具有很高的经济效益和社会效益。例如,美国卫星的经济投入和取得的效益比为1∶80,甚至更大。

(五)数据综合性

遥感探测所获取的是同一时段、覆盖大范围地区的遥感数据,这些数据综合地展现了地球上许多自然与人文现象,宏观地反映了地球上各种事物的形态与分布,真实地体现了地质、地貌、土壤、植被、水文、人工构筑物等地物的特征,全面地揭示了地理事物之间的关联性。此外,这些数据在时间上具有相同的现势性,便于深入研究。

(六)应用领域广泛

遥感已广泛用于城市规划、农业估产、资源清查、地质探矿、环境保护等诸多领域,随着遥感图像的空间、时间和光谱分辨率的提高,以及与地理信息系统和全球定位系统的结合,它的应用领域会更加广泛,对地观测技术也会随着进入一个更高的发展阶段。

四、遥感的分类

为了便于专业人员研究和应用遥感技术,人们从不同角度对遥感作如下分类。

(一)按搭载传感器的遥感平台分类

按搭载传感器的遥感平台分类,可分为地面遥感、航空遥感和航天遥感。

地面遥感指传感器设置在地面平台上,如车载、船载、手提、固定或活动高架平台等,主要用于近距离测量地物波谱和摄取供试验研究用的地物细节影像。航空遥感指传感器设置在航空器上,如气球、航模、飞机及其他航空器等,航空遥感获取的影像比较清晰,具有很大的灵活性,适合微观空间研究。航天遥感是利用搭载在人造地球卫星、探测火箭、宇宙飞船和航天飞机等航天平台上的传感器对地表进行的遥感,其观测视野比较宽阔,可以观测宏观区域。

（二）按传感器的工作原理分类

按传感器的工作原理分类，可分为主动式遥感和被动式遥感。

主动式遥感，即由传感器主动地向被探测的目标物发射一定波长的电磁波，然后接收并记录从目标物反射回来的电磁波，如微波遥感中的侧视雷达。被动式遥感指传感器不向被探测的目标物发射电磁波，而是直接接收并记录目标物反射的太阳辐射或目标物自身发射的电磁波，如各种摄像机、扫描仪、辐射计等。

（三）按波段宽度和光谱连续性分类

按波段宽度和光谱连续性分类，可分为高光谱遥感和常规遥感。

高光谱遥感是利用很多狭窄的电磁波波段（波段宽度通常小于 10 nm）产生光谱连续的图像数据。高光谱遥感是当前遥感技术的前沿领域，它利用很多狭窄的电磁波波段从感兴趣的物体获得有关数据，它包含了丰富的空间、辐射和光谱三重信息，使本来在宽波段遥感中不可探测的物质，在高光谱遥感中能被探测。常规遥感又称宽波段遥感，波段宽度一般大于 10 nm，且波段在波谱上不连续。

（四）按电磁波工作波段分类

按电磁波工作波段分类，可分为紫外遥感、可见光遥感、热红外遥感、微波遥感、多光谱遥感。

紫外遥感的探测波段为 0.05 ~ 0.38 μm。可见光遥感的探测波段为 0.38 ~ 0.76 μm。热红外遥感的探测波段为 0.76 ~ 14 μm，地物在常温（约 300 K）下热辐射的绝大部分能量位于此波段，在此波段地物的热辐射能量大于太阳的反射能量，热红外遥感具有昼夜工作的能力。微波遥感的探测波段为 1 mm ~ 1 m，通过接收地面物体发射的微波辐射能量，或接收遥感仪器本身发出的电磁波的回波信号，对物体进行探测、识别和分析。微波遥感的特点是对云层、地表植被、松散沙层和干燥冰雪具有一定的穿透能力，又能夜以继日地全天候工作。多光谱遥感的探测波段在可见光与红外波段范围之内。

（五）按遥感资料的获取方式分类

按遥感资料的获取方式分类，可分为成像遥感和非成像遥感。

成像遥感又细分为摄影式成像遥感和扫描式成像遥感两种，是将探测到的目标物电磁辐射转换成可以显示为图像的遥感资料，如航空影像、卫星影像等。非成像遥感是将所接收的目标物电磁辐射数据输出或记录在磁带上而不产生图像。

（六）按应用领域或专题分类

在大的研究方面，可分为外层空间遥感、大气层遥感、陆地遥感、海洋遥感等。按具体的应用领域分类，可分为资源遥感、环境遥感、农业遥感、林业遥感、渔业遥感、地质遥感、气象遥感、水文遥感、城市遥感、工程遥感、灾害遥感、军事遥感等，还可以将它们划分为更细的研究对象进行专题领域研究。

第三节　遥感的发展历史和发展趋势

最早使用“遥感”一词的是美国海军研究所的艾弗林·普鲁伊特。1961 年，在美国国家科学院和国家研究理事会的支持下，在密歇根大学的威罗兰实验室召开了环境遥感国际讨论会，此后，在世界范围内，遥感作为一门新兴学科飞速发展起来。

一、遥感的发展历史

(一)无记录的地面遥感阶段(1608~1838年)

1608年,汉斯·李波尔赛制造了世界第一架望远镜,1609年伽利略制作了放大倍数3倍的科学望远镜,从而为观测远距离目标开辟了先河。但望远镜观测不能把观测到的事物用图像记录下来。

(二)有记录的地面遥感阶段(1839~1857年)

对探测目标的记录与成像始于摄影技术的发展,并与望远镜相结合发展为远距离摄影。1849年,法国人艾米·劳赛达特制订了摄影测量计划,成为有记录的地面遥感发展阶段的标志。

(三)空中摄影遥感阶段(1858~1956年)

1858年,G. F·陶纳乔用系留气球拍摄了法国巴黎的“鸟瞰”像片。

1860年,J·布莱克乘气球升至630 m高空,成功地拍摄了美国波士顿的照片。

1903年,J·纽布朗纳设计了一种捆绑在飞鸽身上的微型相机。

以上这些试验性的空间摄影,为后来的实用化航空摄影打下了基础。

1906年,G. R·劳伦斯成功记录了著名的旧金山大地震后的情景。

1909年,W·莱特在意大利的森托塞尔上空用飞机进行了空中摄影。

1913年,利比亚班加西油田测量中应用了航空摄影,C·塔迪沃在维也纳国际摄影测量学会会议上发表论文,描述了飞机摄影测量地图问题。

在第一次世界大战期间,航空摄影成了军事侦查的重要手段,并形成了一定规模。与此同时,像片的判读水平也大大提高。战后,航空摄影人员从军事转向商务和科学研究。美国和加拿大成立了航测公司,并分别出版了《摄影测量工程》及类似性质的刊物,专门介绍有关技术方法。

1924年,彩色胶片出现,使得航空摄影记录的地面目标信息更为丰富。

第二次世界大战中,微波雷达的出现及红外技术应用于军事侦查,使遥感探测的电磁波波段得到了扩展。

(四)航天遥感阶段(1957年至今)

1957年10月4日,苏联第一颗人造地球卫星的发射成功,标志着人类的空间观测进入了新纪元。此后,美国发射了“先驱者2号”探测器,拍摄了地球云图。真正从航天器上对地球进行长期探测是从1960年美国发射TIROS-1和NOAA-1太阳同步卫星开始的。

20世纪60年代,卫星出现不久,卫星的有效载荷技术完全处于试验和摸索阶段。世界上许多国家开展了大规模的机载对地观测技术的飞行试验活动。20世纪60年代末期,美国宇航局(NASA)在全美国开展了有史以来规模最大的机载飞行试验活动,历时3年。他们动用了当时能够提供的所有遥感仪器。这是人类对遥感技术及应用的第一次比较系统的实践。

20世纪70年代,空间遥感技术的进步及其在世界范围的扩展和应用,是在科学技术领域里发生的重大事件。由于美国在气象和资源遥感卫星的试验成功,世界各国纷纷起步,开始空间遥感技术发展的艰苦历程。这一时期遥感的发展主要表现在以下几个方面。

(1)遥感平台方面:除航空遥感已成业务化外,航天平台也已成系列,全世界已有5 000

余颗人造卫星升空。有飞出太阳系的“旅行者”1号、2号等航宇平台，也有以空间轨道卫星为主的航天平台，包括载人空间站、空间实验室、返回式卫星，还有往返于空间与地面间的航天飞机，以及一些低轨卫星和高轨卫星。有综合目标的较大型卫星，也有专题目标明确的小卫星群。不同高度、不同用途的卫星构成了对地球和宇宙空间的多角度、多周期观测。

(2)传感器方面:探测的波段范围不断延伸，波段的分割愈来愈精细，从单一谱段向多谱段发展。成像光谱技术的出现把感测波段从数百个推向上千个，探测目标的电磁波特性更全面地反映出目标物的性质，它使本来在宽波段遥感中不可探测的物质被探测出来。成像雷达所获取的信息也向多频率、多角度、多极化、多分辨率的方向发展。激光测距与遥感成像的结合使得三维实时成像成为可能；各种传感器空间分辨率的提高，特别是Quick Bird、美国锁眼等高分辨率影像的出现，使航天遥感与航空遥感的界线变得模糊；此外，多种探测技术的集成日趋成熟，如雷达、多光谱成像与激光测高、GPS的集成可同时取得经纬度坐标和地面高程数据，用于实时测图，并且随着遥感技术的发展，集成度将更高。

(3)遥感信息处理方面:遥感信息的处理在全数字化、可视化、智能化和网络化方面有很大发展。在摄影成像、胶片记录的年代，光学处理和光电子学影像处理起着主导作用。随着数字成像技术和计算机图像处理技术的迅速发展，众多的传感器和日益增长的大量探测数据使得信息处理更为重要。存储器的发展，使信息爆炸问题有所缓解。大容量、高速度的计算机与功能强大的专业图像处理软件结合成为主流，PCT、ERDAS、ENVI和IDRISI等商业化软件已为广大用户所熟知。这些软件本身也在不断完善以适应遥感技术的发展，如可以读取多种数据格式，设置专门模块处理雷达图像，具有三维显示、贯穿飞行等功能，并与多种地理信息系统软件和数据库兼容。在信息提取、模式识别等方面也不断引入相邻学科的信息处理方法，丰富了遥感图像处理内容。信息处理更趋智能化，除在光谱分类方面改善图像处理方法外，结构信息的处理和多源遥感数据及遥感与非遥感数据的融合也得到重视和发展。

(4)遥感应用方面:经过几十年的发展，遥感技术已广泛渗透到国民经济的各个领域，对推动经济建设、社会进步、环境改善和国防建设起到重大作用。在外层空间探测方面，由遥感观测到的全球气候变化、厄尔尼诺现象及影响、全球沙漠化等引起人们广泛的重视；遥感在解决各种环境变化，如城市化、沙漠化、土地退化等问题方面也有独特的作用。此外，在灾害监测、农作物病虫害预测、预报与灾情评估等方面，遥感更发挥了很大的作用。必须指出的是，近十多年来国际上几次重大的军事行动，都综合运用了遥感技术来获取重要信息。

总之，随着遥感应用向广度和深度发展，遥感探测更趋于实用化、商业化和国际化。

二、遥感的发展趋势

遥感的发展趋势主要表现为以下几个方面。

(一)携带传感器的微小卫星发射与普及

为协调时间分辨率和空间分辨率这对矛盾，小卫星群计划将成为现代遥感的发展趋势。例如，可用6颗小卫星在2~3天内完成一次对地重复观测，可获得高于1 m的高分辨率成像光谱仪数据。除此之外，机载和车载遥感平台，以及超低空无人机载平台等多平台的遥感技术与卫星遥感相结合，将使遥感应用更加广泛。

（二）地面高分辨率传感器的使用

商业化的高分辨率卫星已成为未来发展的趋势，目前已有亚米级的传感器在运行，如美国的 OrbView－5、韩国的 KOMPSAT－2 等。未来几年内，将有更多的亚米级的传感器上天，满足 1∶5 000 甚至 1∶2 000 的制图要求。

（三）高光谱遥感影像的解译

高光谱数据能以足够的光谱分辨率区分出那些具有诊断性光谱特征的地表物质，而这是传统宽波段遥感数据所不能做到的。未来成像光谱仪的波谱分辨率将得到不断提高，从几十到上百个波段，光谱分辨率也将向更小的数量级发展。

（四）多源遥感数据的应用

信息技术和传感器技术的飞速发展带来了遥感数据的极大丰富，每天都有数量庞大的不同分辨率的遥感信息被从各种传感器上接收下来。这些数据包括了光学、高光谱和雷达影像数据。

（五）空间位置定量化和空间地物识别定量化

遥感信息定量化，建立地球科学信息系统，实现全球观测海量数据的定量管理、分析与预测、模拟是遥感当前重要的发展方向之一。遥感技术发展的最终目标是解决实际应用问题，但是仅靠目视解译和常规的计算机数据统计方法来分析遥感数据，精度不高，应用效率相对低，寻找应用的新突破口也非常困难。尤其在对多时相、多遥感器、多平台、多光谱波段遥感数据的复合研究中，问题更为突出。其主要原因之一是遥感器在获取数据时受到诸多因素的影响，譬如，仪器老化、大气影响、双向反射、地形因素及几何配准等，使其获取的遥感信息中带有一定的非目标地物的成像信息，再加上地面同一地物在不同时间内辐射亮度随太阳高度角变化而变化，获得的数据预处理精度达不到定量分析的高度，致使遥感数据定量分析专题应用模型得不到高质量的数据作输入参数而无法推广。地理信息系统的实现和发展及全球变化研究更需要遥感信息的定量化，遥感信息定量化研究在当前遥感发展中具有牵一发而动全局的作用，因而是当前遥感发展的前沿。

（六）信息的智能化提取

影像识别和影像知识挖掘的智能化是遥感数据自动处理研究的重大突破，遥感数据处理工具不仅可以自动进行各种定标处理，而且可以自动或半自动提取道路、建筑物等人工建筑。目前的商业化遥感处理软件正朝着这个方向发展，如 ERDAS 的面向对象的信息提取模块 Feature Analyst、ENVI 的流程化图像特征提取模块——FX 和德国的易康（eCognition）等。

（七）遥感应用的网络化

Internet 已不仅仅是一种单纯的技术手段，它已演变成为一种经济方式——网络经济。人们的生活也已离不开 Internet。大量的应用正由传统的 Client/Server（客户机/服务器）方式向 Brower/Server（浏览器/服务器）方式转移。Google Earth 的出现，使遥感数据的表达和共享产生了一个新的模式。

三、遥感研究需解决的问题

尽管遥感在理论研究和应用领域上都有了迅速发展，但遥感仍然处在由定性向定量的过渡阶段，其精度还不能完全满足不同用户的需求。遥感数据越来越多，许多资料一开始就被束之高阁,如何有效存储、管理和使用它们,已成为急需解决的问题之一。遥感数据的压缩、遥感信息的自动识别、影像解译和应用仍然是未来遥感面临的重要问题。定量遥感、新型数据处理、相关技术的结合方面,与生产应用还有差距。另外,遥感的国际间合作问题还有待进一步探索,高分辨率影像为维护世界安全、保护环境和提高全人类的生活水平带来了机遇,但同时也应防范它可能带来的负面影响。

因此,高分辨率传感器、专业型小卫星群、遥感定量化和商业化是未来遥感发展的必然趋势。随着相关科学技术的发展,未来的航空、航天遥感每天将提供海量影像数据,这为遥感学科的发展提供了不可多得的机遇。未来的遥感计划将尽可能地集多种传感器、多级分辨率、多光谱和多时相于一身,以更快的速度、更高的精度和更大的信息量来提供对地观测数据。

第四节 遥感和其他学科的联系

遥感是在测绘科学、空间科学、电子科学、地球科学、计算机科学以及其他学科交叉渗透、相互融合的基础上发展起来的一门综合性学科,它与各个学科之间相互影响、相互渗透,其中尤其以地理信息系统和全球定位技术最为明显。在以第一台电子计算机为标志的第一次信息革命和以微电子技术、空间技术和信息技术相结合为特征的第二次信息革命中,遥感、地理信息系统和全球定位技术与现代通信技术有机结合起来,它们在空间管理中各具特色,其中利用遥感可以获得源源不断的对地观测数据,而地理信息系统的空间管理数据库则通过信息高速公路实现全国乃至全球的数据交换和共享,全球定位技术依靠远程通信而实现高精度的定位和导航,提供准确的位置,实现了"3S"技术的综合应用。

一、遥感与地理信息系统

(一)地理信息系统的定义

地理信息系统(Geographic Information System 或 Geo-Information System)有时又被称为"地学信息系统"或"资源与环境信息系统"。它是一种特定的十分重要的空间信息系统。它是在计算机硬、软件系统支持下,对整个或部分地球表层(包括大气层)空间中的有关地理分布数据进行采集、存储、管理、运算、分析、显示和描述的技术系统。

(二)地理信息系统的构成

从系统论和应用的角度出发,地理信息系统被分为四个子系统,即计算机硬件和系统软件、数据库系统、数据库管理系统、应用人员和组织机构。

(1)计算机硬件和系统软件:这是开发、应用地理信息系统的基础。其中,硬件主要包括计算机、打印机、绘图仪、数字化仪、扫描仪,系统软件主要指操作系统。

(2)数据库系统:系统的功能是完成对数据的存储,它又包括几何(图形)数据库和属性数据库。几何数据库和属性数据库也可以合二为一,即属性数据存在于几何数据中。

(3)数据库管理系统:这是地理信息系统的核心。通过数据库管理系统,可以完成对地理数据的输入、处理、管理、分析和输出。

(4)应用人员和组织机构:专业人员,特别是那些复合人才(既懂专业又熟悉地理信息系统)是地理信息系统成功应用的关键,而强有力的组织机构是系统运行的保障。

(三)遥感和地理信息系统的联系

遥感与地理信息系统是独立发展起来的但又逐渐走向综合的现代地学空间技术,其中遥感是空间数据采集和分类的有效工具,地理信息系统是管理和分析空间数据的有效手段。由于工作基础与应用目的的相近性,二者必然联系在一起。

一方面,遥感作为一种获取和更新空间数据库的强有力的手段,为地理信息系统源源不断提供及时、客观、准确的大范围的可用于动态监测的各种资源环境数据,使得地理信息系统处理信息的时间有可能压缩到自然灾害形成过程之内,赢得了预测预报时间。因此,遥感信息是地理信息系统十分重要的信息源。

另一方面,遥感所获取的丰富信息有赖于地理信息系统的科学管理和有效利用。地理信息系统接收大量的不同来源的空间数据,并能根据用户的不同需求对这些数据进行有效的存储、检索、分析和显示,为遥感数据的充分利用提供一个良好的环境。此外,遥感影像识别也往往需要在地理信息系统支持下改善其精度。

因此,二者结合有利于提高遥感数据自动分类的精度和信息复合的功能,加速遥感发展进程,同时也使地理信息系统的应用进入了一个新阶段。

二、遥感与全球定位技术

(一)全球定位技术的定义

全球定位技术的英文全称是 NAVigation Satellite Timing And Ranging Global Position System(导航星测时与测距全球定位系统),简称全球定位技术,也称 NAVSTAR GPS。根据 1985 年 Wooden 所给出的定义:NAVSTAR 全球定位系统(全球定位技术)是一个空基全天候导航系统,它由美国国防部开发,用以满足军方在地面或近地空间内获取在一个通用参照系中的位置、速度和时间信息的要求。

(二)全球定位技术的构成

全球定位技术由三部分构成,即空间部分、地面控制系统、用户设备部分。

1. 空间部分

全球定位技术的空间部分由 24 颗卫星组成(21 颗工作卫星,3 颗备用卫星),它位于距地表 20 200 km 的上空,均匀分布在 6 个轨道面上(每个轨道面 4 颗),轨道倾角为 55°。卫星的分布使得在全球任何地方、任何时间都可观测到 4 颗以上的卫星,并能在卫星中预存导航信息。全球定位技术的卫星因为大气摩擦等问题,随着时间的推移,导航精度会逐渐降低。

2. 地面控制系统

地面控制系统由 5 个监测站(Monitor Station)、1 个主控站和 3 个注入站组成。监测站是数据自动采集中心,主要为主控站提供各种观测数据。主控站位于美国科罗拉多州春田市(Colorado Springfield),是系统管理和数据处理中心,其主要任务是使用监测站和本站提供的观测数据计算卫星星历,提供全球定位系统时间标准,并将这些数据传入注入站,调整卫星轨道,启动备用卫星等。注入站将推算卫星星历、钟差和导航电文等控制指令注入到相应卫星存储系统,并检测注入信息的正确性。

3. 用户设备部分

用户设备部分即全球定位技术接收机。其主要功能是能够捕获到按一定卫星截止角所选择的待测卫星,并跟踪这些卫星的运行。当接收机捕获到跟踪的卫星信号后,就可测量出接收天线至卫星的伪距离和距离的变化率,解调出卫星轨道参数等数据。根据这些数据,接收机中的微处理计算机就可按定位解算方法进行定位计算,计算出用户所在地理位置的经纬度、高度、速度、时间等信息。接收机硬件和机内软件以及全球定位技术数据的后处理软件包构成完整的全球定位技术用户设备。全球定位技术接收机的结构分为天线单元和接收单元两部分。接收机一般采用机内和机外两种直流电源。设置机内电源的目的在于更换机外电源时不中断连续观测。在用机外电源时机内电池自动充电。关机后机内电池为 RAM(随机存储器)供电,以防止数据丢失。

(三)遥感和全球定位技术的联系

从地理信息系统角度看,遥感和地理信息系统都可看做是数据源获取系统,但它们既分别具有独立的能力,又可以相互补充完善,成为遥感和全球定位技术结合的基础。

全球定位技术的出现对遥感影像有重大影响,全球定位技术接收机根据影像预先确定位置,可获精确的位置坐标,并且自动提供几何校正所需要的成像信息。另外,全球定位技术的快速定位也为遥感数据及时、快速进入地理信息系统提供了可能,保证了遥感数据与地面同步监测数据的动态配准,从而成为"3S"技术的重要组成部分。

三、遥感与地理信息系统和全球定位技术

(一)遥感、地理信息系统和全球定位技术的结合

在遥感与地理信息系统的综合系统中所处理的对象是空间数据,把全球定位技术的结果运用到综合系统之中,必然会进一步改进遥感对地观测的质量,扩大地理信息系统数据分析管理的能力。地理信息系统充当人的大脑,对所得信息加以管理和分析;遥感和全球定位技术相当于人的两只眼睛,负责获取浩瀚信息及空间定位。遥感、地理信息系统和全球定位技术三者的有机结合,构成了整体上的实时动态对地观测、分析和应用的运行系统,为科学研究、政府管理、社会生产提供新一代的观测手段。

"3S"集成的方式可以在不同的技术水平上实现。低级阶段表现为相互调用功能,而高级阶段则表现为直接共同作用,形成有机的一体化系统,对数据进行动态更新,快速准确地获取定位信息,实现实时的现场查询和分析判断。目前,开发"3S"集成系统软件的技术方案一般采用栅格数据处理的方式实现与遥感的集成,使用动态矢量图层方式实现与地理信息系统的集成。随着信息技术的飞速发展,"3S"集成系统有一个从低级到高级的发展和完善过程,目前尚属起步阶段。

(二)遥感、地理信息系统和全球定位技术综合应用的实例

在实际应用中,较为常见的是遥感、地理信息系统和全球定位技术两两之间的结合,如遥感与地理信息系统的集成,地理信息系统与全球定位技术的集成,或者遥感与全球定位技术的集成。而"3S"在车辆导航与监控系统中的综合利用是"3S"技术同时集成的一个应用实例。在车辆导航与监控系统中,遥感以数字图像方式提供城市范围内道路及相关因子的动态变化信息,它可以在地理信息系统中作为电子地图使用,也可以利用遥感图像来及时更新道路数据库。全球定位技术提供了车辆运行时所处的精确位置信息,在地理信息系统支持下,以"点"状符号表现在显示器上,直观地向司机指示当前车辆在道路上的行驶位置。同时,该车的位置信息通过无线通信网与控制中心局域网连接,车辆导航与监控系统服务器

接收各个移动车辆的位置信息,并分发给与其相连的各个操作台。管理操作台与监视操作台的控制室安装有地理信息系统,可以把全球定位技术的定位信息在电子地图上的相应位置表现出来,实现各种车辆信息的实时分析与管理,特别是遇到突发事件时可以为公安部门快速反应、紧急调度、组织车辆救援等工作提供辅助决策。“3S”技术各有侧重,相互补充,共同完成车辆导航与监控系统所承担的各项任务。美国 OHIO 大学与公路管理部门合作研制的测绘车是一个“3S”集成应用实例,它将全球定位技术接收机结合一台立体视觉系统装载于测绘车上,在公路上行驶以取得公路及两旁的环境数据并立即自动整理存储于地理信息系统数据库中。测绘车上安装的立体视觉系统包括两个 CCD 摄像机,在行进时每秒曝光一次,获取和存储一对影像,并作实时自动处理。

习 题

1. 广义的遥感和狭义的遥感的定义是什么?
2. 与传统的对地观测技术相比,遥感的特点是什么?
3. 遥感分为哪几类? 分类依据是什么?
4. 简述遥感发展的历史和趋势。
5. 遥感需要解决的问题有哪些?
6. 简述遥感和其他学科的联系。
7. “3S”技术指的是什么? 了解“3S”的综合应用实例。

第二章　遥感平台与信息获取

第一节　遥感的物理基础

遥感技术是建立在物体电磁波辐射理论基础上的,由于不同物体具有各自的电磁辐射特性,因此才有可能应用遥感技术探测和研究远距离的物体。

一、电磁波及其特性

波是振动在空间的传播。如在空气中传播的声波、在水面传播的水波以及在地壳中传播的地震波等,它们都是由振源发出的振动在弹性介质中的传播,这些波统称为机械波。在机械波里,振动的是弹性介质中质点的位移矢量。光波、热辐射、微波、无线电波等都是由振源发出的电磁振荡在空间的传播,这些波叫做电磁波。在电磁波里,振荡的是空间电场矢量和磁场矢量。电场矢量和磁场矢量互相垂直,并且都垂直于电磁波传播方向。

电磁波是通过电场和磁场之间的相互联系传播的。根据麦克斯韦的电磁场理论,空间任何一处只要存在着场,也就存在着能量,变化的电场能够在它的周围空间激起磁场,而变化的磁场又会在它的周围空间感应出电场。这样,交变的电场和磁场相互激发并向外传播,闭合的电力线和磁力线就像链条一样,一个一个地套连着,在空间传播开来,形成了电磁波。实际上,电磁振荡是沿着各个不同方向传播的。这种电磁能量的传递过程(包括辐射、吸收、反射和透射等)称为电磁辐射。电磁波是物质存在的一种形式,它是以场的形式表现出来的。因此,电磁波即使在真空中也能传播。这一点与机械波有着本质的区别,但两者在运动形式上都是波动。基本的波动形式有两种:横波和纵波。横波是质点振动方向与传播方向相垂直的波。例如,电磁波就是横波。纵波是质点振动方向与传播方向相同的波。例如,声波就是纵波。

电磁波具有波动的特性(如干涉、衍射、偏振和色散等现象)。同时,电磁波还具有粒子(量子)性。电磁辐射的粒子性,是指电磁波是由密集的光子微粒组成的,电磁辐射实质上是光子微粒流的有规律运动,波是光子微粒流的宏观统计平均状态,而粒子是波的微观量子化。电磁辐射在传播过程中,主要表现为波动性;当电磁辐射与物质相互作用时,主要表现为粒子性,这即为电磁波的波粒二象性。遥感传感器所探测的是目标物在单位时间辐射(反射或发射)的能量,由于电磁辐射的粒子性,所以某时刻到达传感器的电磁辐射能量才具有统计性。电磁波的波长不同,其波动性和粒子性所表现的程度也不同,一般来说,波长愈短,辐射的粒子特性愈明显,波长愈长,辐射的波动特性愈明显。遥感技术正是利用电磁波的波粒二象性,达到探测目标物电磁辐射信息的。

二、电磁波谱

无线电波、红外线、可见光、紫外线、X 射线、γ 射线等都是电磁波,只是波源不同,波长

(或频率)也各不同。将各种电磁波在真空中的波长(或频率)按长短依次排列制成的图表叫做电磁波谱。

在电磁波谱中,波长最长的是无线电波,无线电波又依波长不同分为长波、中波、短波、超短波和微波。其次是红外线、可见光、紫外线,再次是 X 射线。波长最短的是 γ 射线等。整个电磁波谱形成了一个完整、连续的波谱图。各种电磁波的波长(或频率)之所以不同,是由于产生电磁波的波源不同。例如,无线电波是由电磁振荡发射的,其中微波是利用谐振腔及波导管激励与传输,通过微波天线向空间发射的;红外辐射是由于分子的振动能级和转动能级跃迁时产生的;可见光与近紫外辐射是由于原子中的外层电子跃迁而产生的;紫外线、X 射线和 γ 射线是由于原子中的内层电子跃迁和原子核内状态的变化产生的;宇宙射线则是来自宇宙空间。

表 2-1　电磁波工作波段

波段		波长	
无线电波	长波	>1 m	>3 000 m
	中波和短波		10 ~ 3 000 m
	超短波		1 ~ 10 m
	微波	1 mm ~ 1 m	
红外波段	超远红外	0.76 ~ 1 000 μm	15 ~ 1 000 μm
	远红外		6 ~ 15 μm
	中红外		3 ~ 6 μm
	近红外		0.76 ~ 3 μm
可见光	红	0.38 ~ 0.76 μm	0.62 ~ 0.76 μm
	橙		0.59 ~ 0.62 μm
	黄		0.56 ~ 0.59 μm
	绿		0.50 ~ 0.56 μm
	青		0.47 ~ 0.50 μm
	蓝		0.43 ~ 0.47 μm
	紫		0.38 ~ 0.43 μm
紫外线		$10^{-3} \sim 3.8 \times 10^{-1}$ μm	
X 射线		$10^{-6} \sim 10^{-3}$ μm	
γ 射线		$<10^{-6}$ μm	

在电磁波谱中,各种类型的电磁波,由于波长(或频率)的不同,它们的性质就有很大的差别(如在传播的方向性、穿透性、可见性和颜色等方面的差别)。例如,可见光可被人眼直接感觉到,使人眼看到物体的各种颜色;红外线能克服夜障;微波可穿透云、雾、烟、雨等。但它们也具有共同性:

(1)各种类型电磁波在真空(或空气)中传播的速度相同,都等于光速 c,光速 $c = 3 \times 10^{10}$ cm/s。

(2)遵守同一的反射、折射、干涉、衍射及偏振定律。

目前,遥感技术所使用的电磁波集中在紫外线、可见光、红外线到微波的光谱段,各谱段划分界线在不同资料上采用光谱段的范围略有差异。本书采用表2-1中所列出的波长范围。

在电磁波谱中不同波段,习惯使用的波长单位也不相同。在无线电波波段波长的单位取千米或米,在微波波段波长的单位取厘米或毫米,在红外线波段常取的单位是微米(μm),在可见光和紫外线波段常取的单位是纳米(nm)或微米。波长单位的换算如下:

$$1\ \text{nm} = 10^{-3}\ \mu\text{m} = 10^{-7}\ \text{cm} = 10^{-9}\ \text{m}$$

$$1\ \mu\text{m} = 10^{-3}\ \text{mm} = 10^{-4}\ \text{cm} = 10^{-6}\ \text{m}$$

除用波长来表示电磁波外,还可以用频率来表示,如无线电波常用的单位为吉赫(GHz)。习惯上常用波长表示短波(如γ射线、X射线、紫外线、可见光、红外线等),用频率表示长波(如无线电波等)。

三、电磁辐射源

自然界中一切物体在发射电磁波的同时,也被其他物体发射的电磁波所辐射。遥感的辐射源可分自然辐射源和人工辐射源两类。

(一)自然辐射源

自然辐射源主要包括太阳辐射和地物的热辐射。太阳辐射是可见光及近红外遥感的主要辐射源,地球是远红外遥感的主要辐射源。

1. 太阳辐射

太阳辐射是地球上生物、大气运动的能源,也是被动式遥感系统中重要的自然辐射源。太阳表面温度约有6 000 K,内部温度则更高。太阳辐射覆盖了很宽的波长范围,由1Å 直至10 m以上,包括γ射线、紫外线、红外线、微波及无线电波。太阳辐射能主要集中在0.3~3 μm波段,最大辐射强度位于波长0.47 μm左右。由于太阳辐射的大部分能量集中在0.4~0.76 μm的可见光波段,所以太阳辐射一般称为短波辐射。

太阳辐射主要由太阳大气辐射所构成,太阳辐射在射出太阳大气后,已有部分的太阳辐射能为太阳大气(主要是氢和氦)所吸收,使太阳辐射能受到一部分损失。

太阳辐射以电磁波的形式,通过宇宙空间到达地球表面,全程时间约500 s。地球挡在太阳辐射的路径上,以半个球面承受太阳辐射。在地球表面上各部分承受太阳辐射的强度是不相等的。当地球处于日地平均距离时,单位时间内投射到地球大气上界,且垂直于太阳辐射线的单位面积上的太阳辐射能为(1 385 ±7) W/m^2。此数值称为太阳常数。一般来说,垂直于太阳辐射线的地球单位面积上所接收的辐射能量与太阳至地球距离的平方成反比。太阳常数不是恒定不变的,一年内约有7%的变动。太阳辐射先通过大气圈,然后到达地面。由于大气对太阳辐射有一定的吸收、散射和反射,所以投射到地球表面上的太阳辐射强度有很大衰减。

2. 地球的电磁辐射

地球的电磁辐射可分为两个部分:短波(0.3~2.5 μm)和长波(6 μm以上)。

地球表面平均温度27 ℃(绝对温度300 K),地球辐射峰值波长为9.66 μm,在9~10 μm,地球辐射属于远红外波段。

传感器接收到小于3 μm的波长,主要是地物反射太阳辐射的能量,而地球自身的热辐射极弱，可忽略不计；传感器接收到大于 6 μm 的波长，主要是地物本身的热辐射能量；在 3 ~6 μm中红外波段，太阳辐射与地球的热辐射均要考虑。所以，在进行红外遥感探测时，选择清晨时间，其目的就是避免太阳辐射的影响。地球除部分反射太阳辐射外，还以火山喷发、温泉和大地热流等形式，不断地向宇宙空间辐射能量。每年通过地球表面流出的总热量约为 1×10^{21} J。

（二）人工辐射源

主动式遥感采用人工辐射源。人工辐射源是指人为发射的具有一定波长（或一定频率）的波束。工作时接收地物散射该光束返回的后向反射信号，从而探知地物或测距，称为雷达探测。雷达又可分为微波雷达和激光雷达。在微波遥感中，目前常用的主要为侧视雷达。

1. 微波辐射源

在微波遥感中常用的波段为 0. 8 ~30 cm。由于微波波长比可见光、红外线波长要长，因此在技术上微波遥感应用的主要是电学技术，而可见光、红外遥感应用则偏重于光学技术。

2. 激光辐射源

目前研究成功的激光器种类很多，按照工作物质的类型可分为气体激光器、液体激光器、固体激光器、半导体激光器和化学激光器等；按激光输出方式可分为连续输出激光器和脉冲输出激光器。激光器发射光谱的波长范围较宽，短波波长可至 0. 24 μm 以下，长波波长可至 1 000 μm，输出功率低的仅几微瓦，高的可达几兆瓦以上。

四、地物的光谱特性

自然界中任何地物都具有其自身的电磁辐射规律，如具有反射、吸收外来的紫外线、可见光、红外线和微波的某些波段的特性；它们又都具有发射某些红外线、微波的特性；少数地物还具有透射电磁波的特性，这种特性称为地物的光谱特性。

（一）地物的反射光谱特性

当电磁辐射能量入射到地物表面时，将会出现三种过程：一部分入射能量被地物反射；一部分入射能量被地物吸收，成为地物本身内能或部分再发射出来；一部分入射能量被地物透射。根据能量守恒定律可得

$$P_0 = P_\rho + P_\alpha + P_\tau \tag{2-1}$$

式中 P_0——入射总能量；

P_ρ——地物反射能量；

P_α——地物吸收能量；

P_τ——地物透射能量。

式（2-1）两端同除以 P_0，得

$$1 = \frac{P_\rho}{P_0} + \frac{P_\alpha}{P_0} + \frac{P_\tau}{P_0} \tag{2-2}$$

令 $P_\rho/P_0 \times 100\% = \rho$（反射率，即地物反射能量占入射总能量的百分比），$P_\alpha/P_0 \times 100\% = \alpha$（吸收率，即地物吸收能量占入射总能量的百分比），$P_\tau/P_0 \times 100\% = \tau$（透射率，即地物透射能量占入射总能量的百分比），则式（2-2）可写成

$$\rho + \alpha + \tau = 1 \tag{2-3}$$

对于不透射电磁波的地物，$\tau = 0$，式(2-3)可写成

$$\rho + \alpha = 1 \tag{2-4}$$

式(2-4)表明，对于某一波段反射率高的地物，其吸收率就低，即为弱辐射体；反之，吸收率高的地物，其反射率就低。地物的反射率可以测定，而吸收率则可通过式(2-4)求出，即 $\alpha = 1 - \rho$。

1. 地物的反射率

不同地物对入射电磁波的反射能力是不一样的，通常采用反射率(或反射系数、亮度系数)来表示。它是地物对某一波段电磁波的反射能量与入射总能量之比，其数值用百分率表示。地物的反射率随入射波长而变化。

地物反射率的大小，与入射电磁波的波长、入射角的大小以及地物表面颜色和粗糙度等有关。一般来说，当入射电磁波波长一定时，反射能力强的地物，反射率大，在黑白遥感图像上呈现的色调就浅；反之，反射能力弱的地物，反射率小，在黑白遥感图像上呈现的色调就深。在遥感图像上色调的差异是判读遥感图像的重要标志。

2. 地物的反射光谱

地物的反射率随入射波长变化的规律，叫做地物的反射光谱。按地物反射率与波长之间关系绘成的曲线(横坐标为波长值，纵坐标为反射率)称为地物反射光谱曲线。不同地物由于物质组成和结构不同具有不同的反射光谱特性，因而可以根据遥感传感器所接收到的电磁波光谱特征的差异来识别不同的地物，这就是遥感的基本出发点。下面介绍几种地物的反射光谱曲线。

1)植被的反射光谱曲线

由于植物均进行光合作用，所以各类绿色植物具有很相似的反射光谱特性，其特征是：在可见光波段 0.55 μm(绿光)附近有一个反射率为 10% ~ 20% 的波峰，两侧 0.45 μm(蓝光)和 0.67 μm(红光)则有两个吸收带。这一特征是由于叶绿素的影响造成的，叶绿素对蓝光和红光吸收作用强，而对绿色反射作用强。在近红外波段 0.8 ~ 1.0 μm 有一个反射的陡坡，至 1.1 μm 附近有一峰值，形成植被的独有特征。这是由于植被叶的细胞结构的影响，形成了高反射率。在中红外波段 1.3 ~ 2.5 μm 受到绿色植物含水量的影响，吸收率大增，反射率大大下降，特别是以 1.45 μm、1.95 μm 和 2.7 μm 为中心是水的吸收带，形成低谷。图 2-1 为绿色植物的反射光谱曲线。

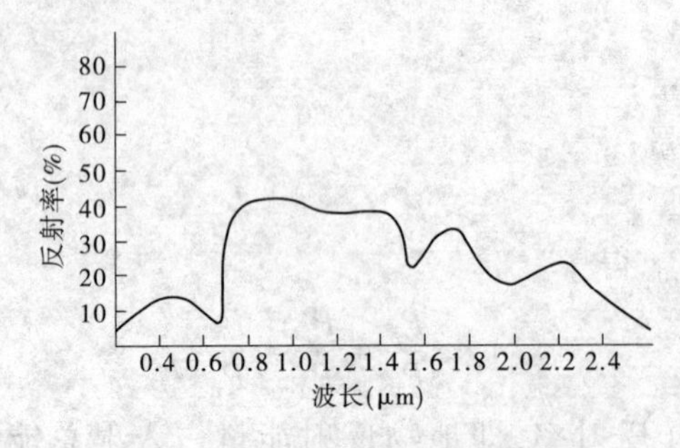

图 2-1　绿色植物的反射光谱曲线

2) 水的反射光谱曲线

水体的反射主要在蓝绿光波段，其他波段吸收很强，特别在近红外、中红外波段有很强的吸收带，反射率几乎为零。因此，在遥感中常用近红外波段确定水体的位置和轮廓，在此波段的黑白正片上，水体的色调很黑，与周围的植被和土壤有明显的反差，很容易识别和判读。但是当水中含有其他物质时，反射光谱曲线会发生变化。例如水中含有泥沙时，由于泥沙的散射作用，可见光波段发射率会增加，峰值出现在黄红区。水中含有叶绿素时，近红外波段明显抬升。图 2-2 为含有不同叶绿素海水的反射光谱曲线。

3) 建筑物的反射光谱曲线

在城市遥感影像中，通常只能看到建筑物的顶部或部分建筑物的侧面，所以掌握建筑材料所构成的屋顶的光谱特性是我们研究的主要内容之一。铁皮屋顶表面呈灰色，反射率较低且起伏小，所以曲线较平坦。石棉瓦屋顶反射率最高。沥青黏沙屋顶，由于其表面铺着反射率较高的沙石而决定了其反射率高于灰色的铁皮屋顶。塑料棚屋顶的反射光谱曲线在绿色波段处有一反射峰值，与植被相似，但它在近红外波段处没有反射峰值，有别于植被的反射光谱曲线。军事遥感中常用近红外波段区分在绿色波段中不能区分的绿色植被和绿色的军事目标。图 2-3 为几种不同建筑材料的反射光谱曲线。

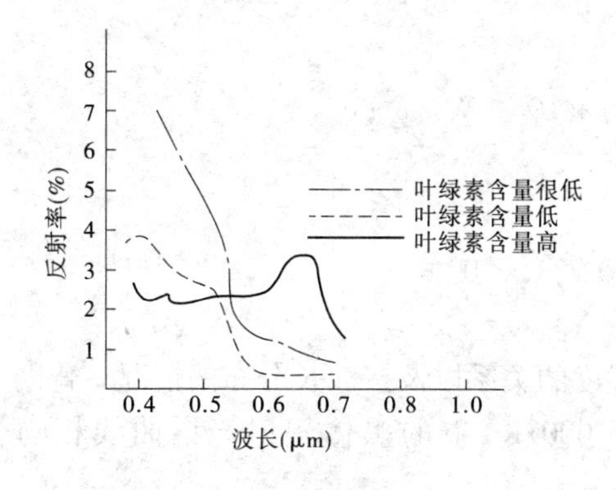

图 2-2　含有不同叶绿素海水的反射光谱曲线

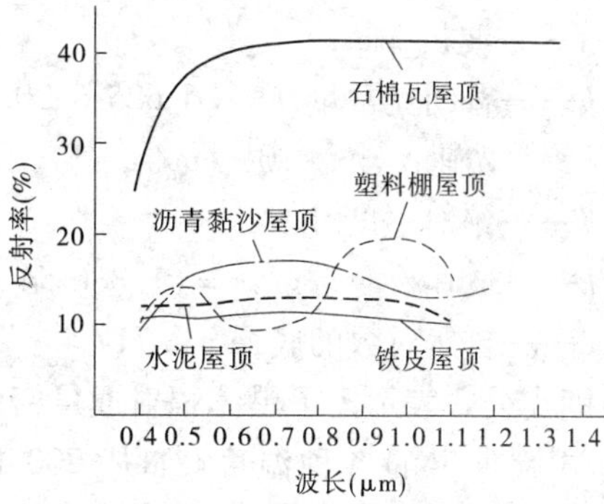

图 2-3　几种不同建筑材料的反射光谱曲线

4) 岩石的反射光谱曲线

岩石成分、矿物质含量、含水状况、风化程度、颗粒大小、色泽、表面光滑程度等都影响反射光谱曲线的形态。在遥感探测中可以根据所测岩石的具体情况选择不同的波段。图 2-4 为几种岩石的反射光谱曲线。

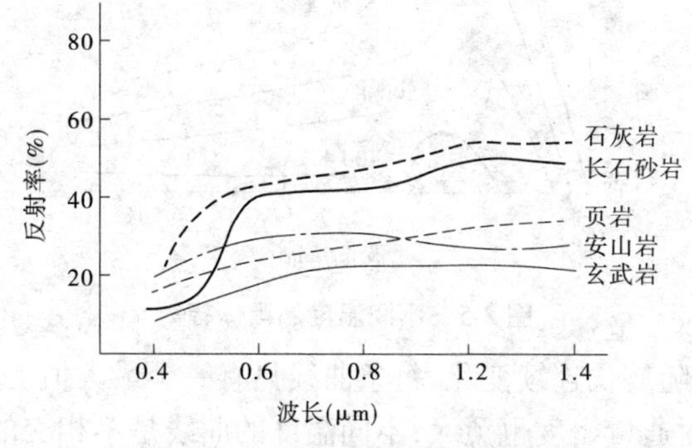

图 2-4　几种岩石的反射光谱曲线

(二)地物的发射光谱特性

任何地物当温度高于绝对温度时,组成物质的原子、分子等微粒,在不停地做热运动,都有向周围空间辐射红外线和微波的能力。通常,衡量地物发射电磁辐射的能力是以发射率作为标准的。地物的发射率是以黑体辐射作为基准。

早在1860年基尔霍夫(Kirchhoff)就提出用黑体这个词来说明能全部吸收入射能量的地物。因此,黑体是一个理想的辐射体,黑体也是一个可以与任何地物进行比较的最佳辐射体。所谓黑体,是"绝对黑体"的简称,指在任何温度下,对于各种波长的电磁辐射的吸收系数恒等于1(100%)的物体。黑体的热辐射称为黑体辐射。显然,黑体的反射率为0,透射率为0。

自然界并不存在绝对黑体,可将黑色无烟煤近似看做是绝对黑体。

1. 普朗克公式

1900年普朗克(Planck)用量子物理的新概念,推导出热辐射定律,可以用普朗克公式表示

$$W_\lambda = \frac{2\pi hc^2}{\lambda^5} \cdot \frac{1}{e^{ch/\lambda kT-1}} \tag{2-5}$$

式中 W_λ——光谱辐射通量密度,$W/(cm^2 \cdot \mu m)$;

λ——波长,μm;

h——普朗克常量,$h=(6.6256 \pm 0.0005)\times 10^{-34}\ W \cdot s^2$;

c——光速,$c=3\times 10^{10}$ cm/s;

T——绝对温度,K;

k——玻耳兹曼常量,$k=(1.38054 \pm 0.00018)\times 10^{-23}\ W \cdot s/K$;

e——自然对数的底,e=2.718。

普朗克公式表示出了黑体辐射通量密度与温度的关系以及按波长分布的情况。普朗克公式与试验求出的各种温度(如从200 K到6 000 K)下的黑体辐射光谱曲线相吻合(见图2-5)。黑体辐射的三个特性如下:

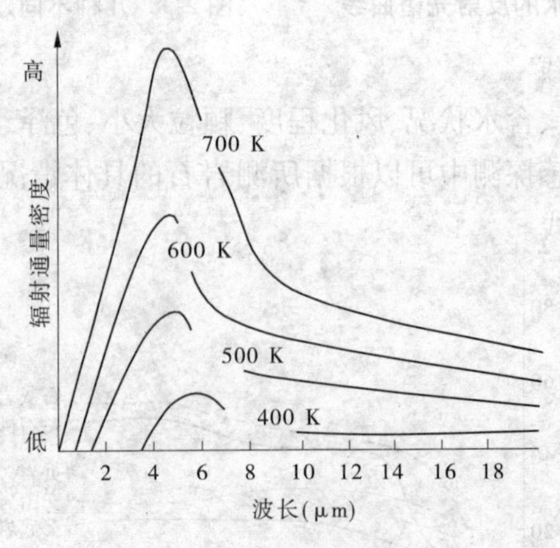

图2-5 不同温度的黑体辐射

(1)辐射通量密度随波长连续变化,每条曲线只有一个最大值。

(2)温度愈高,辐射通量密度也愈大,不同温度的曲线是不相交的。

(3)随着温度的升高,辐射最大值所对应的波长移向短波方向。

2. 黑体辐射规律

1)斯忒藩-玻耳兹曼定律

经过试验证明,黑体总辐射出射度 M 随着黑体温度的升高以 4 次方比例增大,也就是黑体总辐射出射度与黑体温度的 4 次方成正比,即

$$M = \sigma T^4 \tag{2-6}$$

式中 M——黑体总辐射通量密度(总辐射出射度),W/cm²;

σ——斯忒藩-玻耳兹曼常量,$\sigma = (5.6697 \pm 0.0029) \times 10^{-2}$ W/(cm²·K⁴)。

根据斯忒藩-玻耳兹曼定律,即黑体总辐射通量密度随温度的增加而迅速增大,它与温度的4次方成正比,因此只要温度有微小变化,就会引起辐射通量密度很大的变化。在用红外装置测定温度时,就是以此定律作为理论依据的。

2)维恩定律

从图2-5可以看到,黑体温度越高,其曲线的峰顶就越往左移,即往波长短的方向移动,这个规律叫维恩定律,即黑体辐射光谱中最强辐射的波长(峰值波长)λ_{max}与黑体辐射绝对温度 T 成反比,公式为

$$\lambda_{max} \cdot T = b \tag{2-7}$$

式中 λ_{max}——峰值波长,μm;

b——常数,$b = (2897.8 \pm 0.4)$ μm·K。

表2-2给出了不同温度时 λ_{max} 的数值。

表2-2 不同温度时黑体辐射的峰值波长

T(K)	273	300	1 000	2 000	3 000	4 000	5 000	6 000	7 000
λ_{max}(μm)	10.61	9.66	2.90	1.45	0.97	0.72	0.58	0.48	0.41

五、大气成分和大气结构

(一)大气成分

地球大气是由多种气体、固态及液态的悬浮微粒混合组成的。大气中的主要气体包括氮气、氧气、水汽、一氧化碳、二氧化碳、甲烷和臭氧等。此外,悬浮在大气中的微粒有尘埃、冰晶、水滴等,这些弥散在大气中的悬浮物统称为气溶胶,形成霾、雾和云。以地球表面为起点,在80 km以下的大气中,除水汽、臭氧等少数可变气体外,各种气体均匀混合,所占比例几乎不变,所以把80 km以下的大气层称为均匀层。在该层中大气物质与太阳辐射相互作用,是使太阳辐射衰减的主要原因。

(二)大气结构

遥感所涉及的空间范围包括地球的大气层和大气外层的宇宙空间。这里简单介绍地球的大气层和大气外层的宇宙空间的情况。

地球大气层包围着地球,大气层没有一个确切的界限,大气在垂直地表方向上的分布可分为对流层、平流层、中气层、热层(也称增温层)和大气外层。

对流层:该层内经常发生气象变化,是现代航空遥感的主要活动区域。由于大气条件及气溶胶的吸收作用,电磁波传输受到减弱,因此在遥感中侧重研究电磁波在该层内的传输特性。

平流层:在该层内电磁波的传输特性与对流层内的传输特性是一样的,只不过电磁波传输表现较为微弱,不同的是在该层内没有明显的上下混合作用。

中气层:在该层内气温随高度增加而递减,大约在 80 km 处气温降到最低点,约 170 K,是整个大气圈的最低气温。

热层:也称为增温层,该层内气温随高度增加而急剧递增。该层对遥感使用的可见光、红外直至微波波段的影响较小,基本上是透明的。该层中大气十分稀薄,处于电离状态,故又称为电离层,正因为如此,无线电波才能绕地球作远距离传递。热层受太阳活动影响较大,它是人造地球卫星绕地球运行的主要空间。

大气外层:离地面 1 000 km 以上直至扩展到几万千米,与星际空间融合为一体。层内空气极为稀薄,并不断地向星际空间散逸,该层对卫星运行基本上没有影响。

六、大气对太阳辐射的影响

太阳辐射进入地球之前必然通过大气层,太阳辐射与大气相互作用的结果,是使能量不断减弱,约有 30% 被云层和其他大气成分反射回宇宙空间,约有 17% 被大气吸收,约有 22% 被大气散射,而仅有 31% 到达地面。其中反射作用影响最大,由于云层的反射对电磁波各波段均有强烈影响,对遥感信息接收造成严重障碍,因此目前在大多数遥感方式中,都只考虑无云天气情况下的大气散射、吸收的衰减作用,这样太阳辐射通过大气的透射率 τ 为

$$\tau = e^{-(\alpha+\gamma)} \tag{2-8}$$

式中 $\alpha+\gamma$——衰减系数,它随波长不同而变化,总趋势是随波长的增大,大气衰减系数减小;

α——大气中气体分子对太阳辐射的吸收系数;

γ——大气中气体分子、液态和固体杂质等对太阳辐射的散射系数;

e——自然对数的底。

(一)大气的吸收作用

太阳辐射通过大气层时,大气层中某些成分对太阳辐射产生选择性的吸收,即把部分太阳辐射能转换为本身内能,使温度升高。由于各种气体及固体杂质对太阳辐射波长的吸收特性不同,有些波段通过大气层到达地面,而另一些波段则全部被吸收不能到达地面,因此造成了许多不同波段的大气吸收带。

氧(O_2):大气中氧含量约占21%,它主要吸收波长小于 0.2 μm 的太阳辐射能量,在波长 0.155 μm 处吸收最强。由于氧的吸收,在低层大气内几乎观测不到波长小于 0.2 μm 的紫外线。在波长 0.6 μm 和 0.76 μm 附近,各有一个窄吸收带,吸收能力较弱。因此,在高空遥感中很少应用紫外波段。

臭氧(O_3):大气中臭氧含量很少,只占 0.01% ~0.1%,但对太阳辐射能量吸收很强。臭氧有两个吸收带:一个为波长 0.2 ~0.36 μm 的强吸收带;一个为波长 0.6 μm 附近的吸收带,该吸收带处于太阳辐射的最强部分,因此该吸收带吸收最强。臭氧主要分布在 30 km 高度附近,因而对高度小于 10 km 的航空遥感影响不大,而主要对航天遥感有影响。

水(H_2O):水在大气中以气态和液态的形式存在,它是吸收太阳辐射能量最强的介质。从可见光、红外直至微波波段,到处都有水的吸收带,主要吸收带是处于红外和可见光中的红光波段,其中红外部分吸收最强。例如,在波长 0.5 ~0.9 μm 处有 4 个窄吸收带,在波长

0. 95 ~2. 85 μm 处有 5 个宽吸收带。此外,在波长 6. 25 μm 附近有一个强吸收带。因此,水汽对红外遥感有很大影响,而水汽的含量随时间、地点变化。液态水的吸收比水汽的吸收更强,但主要是在长波方面。

二氧化碳(CO_2):大气中二氧化碳含量很少,占0. 03%,它的吸收作用主要在红外区内。例如,在波长 1. 35 ~2. 85 μm 处有 3 个宽弱吸收带。另外,在波长 2. 7 μm、4. 3 μm 与 14. 5 μm 处为强吸收带。由于太阳辐射在红外区能量很少,因此对太阳辐射而言,这一吸收带可忽略不计。

尘埃:它对太阳辐射也有一定的吸收作用,但吸收量很少,当有沙暴、烟雾和火山爆发时,大气中尘埃急剧增加,这时它的吸收作用才比较显著。

(二)大气的散射作用

大气中各种成分对太阳辐射吸收的明显特点,是吸收带主要位于太阳辐射的紫外和红外区,而对可见光区基本上是透明的。但当大气中含有大量云、雾、小水滴时,由于大气散射,可见光区也变成不透明的了。散射不会将辐射能转变成质点本身的内能,而是只改变了电磁波传播的方向。大气散射作用使部分辐射改变方向,干扰了传感器的接收,降低了遥感数据的质量,造成影像的模糊,影响遥感资料的判读。

大气散射集中于太阳辐射能量较强的可见光区。因此,大气对太阳辐射的散射是太阳辐射衰减的主要原因。根据辐射的波长与散射微粒大小之间的关系,散射作用可分为三种:瑞利散射、米氏散射和非选择性散射。

1. 瑞利散射

当微粒的直径 d 比辐射波长 λ 小得多(即 $d<\lambda/10$)时,此时散射为瑞利散射。瑞利散射主要是由大气分子对可见光的散射引起的,所以瑞利散射也叫分子散射。由于散射系数与波长的4次方成反比,当波长大于1 μm 时,瑞利散射基本上可以忽略不计,因此红外线、微波可以不考虑瑞利散射的影响。但对可见光来说,由于波长较短,瑞利散射影响较大。如晴朗天空呈碧蓝色,就是大气中的气体分子把波长较短的蓝光散射到天空中的缘故。

2. 米氏散射

当微粒的直径与辐射波长差不多(即 $d\approx\lambda$)时,发生米氏散射,它是由大气中气溶胶所引起的散射。由于大气中云、雾等悬浮粒子的大小与 0. 76 ~15 μm 的红外线的波长差不多,因此云、雾对红外线的米氏散射是不可忽视的。

3. 非选择性散射

当微粒的直径比辐射波长大得多(即 $d>\lambda$)时所发生的散射称为非选择性散射。非选择性散射与波长无关,即任何波长散射强度都相同。如大气中的水滴、雾、烟、尘埃等气溶胶对太阳辐射常常出现这种散射。常见到的云或雾都是由比较大的水滴组成的,符合 $d>\lambda$,云或雾之所以看起来是白色的,是因为它对各种波长的可见光散射均是相同的。对近红外、中红外波段来说,由于 $d>\lambda$,所以属非选择性散射,这种散射将使传感器接收到的数据严重衰减。

综上所述,太阳辐射的衰减主要是由散射造成的,散射衰减的类型与强弱主要和波长密切相关。在可见光和近红外波段,瑞利散射是主要的。当波长大于1 μm 时,可忽略瑞利散射的影响。米氏散射对近紫外直到红外波段的影响都存在。因此,在短波中瑞利散射与米氏散射相当。但当波长大于0. 5 μm 时,米氏散射超过了瑞利散射的影响。在微波波段,由于波长比云中小雨滴的直径还要大，所以小雨滴对微波波段的散射属于瑞利散射。因此，微波有极强的穿透云层的能力。而红外辐射穿透云层的能力虽然不如微波，但比可见光的穿透能力大10倍以上。

太阳光通过大气要发生散射和吸收，地物反射光在进入传感器前，还要再经过大气并被散射和吸收，这将造成遥感图像的清晰度下降。所以，在选择遥感工作波段时，必须考虑到大气层的散射和吸收的影响。

（三）大气窗口

综上所述，大气层的反射、吸收和散射作用，削弱了大气层对电磁辐射的透明度。电磁辐射与大气相互作用产生的效应，使得能够穿透大气的辐射局限在某些波长范围内。通常把通过大气而较少被反射、吸收或散射的透射率较高的电磁辐射波段称为大气窗口（见表2-2）。因此，遥感传感器选择的探测波段应包含在大气窗口之内，根据地物的光谱特性以及传感器技术的发展，目前使用（或试用）的遥感光谱通道，如表2-3所示。

表2-3　大气窗口与遥感光谱通道

电磁波性质	大气窗口	遥感光谱通道	应用条件与成像方式
反射光谱	0.3～1.3 μm	紫外波段 0.001～0.38 μm	必须在强光照下采用摄影方式和扫描方式成像（即只能在白天作业）
		可见光波段 0.38～0.76 μm	
		近红外波段 0.76～0.9 μm 0.9～1.1 μm	
	1.5～1.8 μm 2.0～3.5 μm	近红外波段 1.55～1.75 μm 2.20～2.35 μm	强光照下白天扫描成像
反射和发射混合光谱	3.0～6.0 μm	中红外波段 3.5～5.5 μm	白天和夜间都能扫描成像
发射光谱	6.0～15.0 μm	远红外波段 10～11 μm 10.4～12.6 μm 8～14 μm	白天和夜间都能扫描成像
	0.05～300 cm	Ka0.75～1.13 cm K1.13～1.67 cm Ku1.67～2.42 cm X2.42～3.75 cm C3.75～7.50 cm S7.50～15 cm L15～30 cm P30～100 cm	有光照和无光照下都能扫描成像

七、环境对地物光谱特性的影响

地物光谱特性受到一系列环境因素的影响，具体来说，与以下因素有关。

(1)与地物的物理性状有关。从地物反射光谱特性来说，电磁波(包括可见光、近红外等波段)被某一地物反射的强度与地物的物理性状(如地物表面的颜色、粗糙度、风化状况及含水量情况等)有关。例如，同一地区的红色砂岩，由于它的风化程度和含水量不同，其反射光谱特性有所差异。风化作用能够引起岩石表面粗糙度和颜色的改变，多数岩石因风化而表面粗糙度增加或表面颜色变深，导致它们在可见光、近红外波段的光谱反射率下降，下降的幅度随岩石不同而不同。在潮湿条件下，新鲜面红色砂岩的反射率大于风化面的反射率。而在干燥条件下，其反射率变化恰好相反。如未经变质的玄武岩，由于风化作用，表面粗糙度反而降低或表面颜色变浅，从而导致反射率增加。地物表面含水量是影响地物的可见光、近红外反射光谱特性的重要因素。地物表面含水量高将导致地物反射率的严重下降。在可见光波段的短波部分，湿的红色砂岩反射率下降幅度比较小，而在近红外波段湿的红色砂岩反射率下降幅度明显增大。

(2)与光源的辐射强度有关。地物的反射光谱强度与光源的辐射强度有关。同一地物的反射光谱强度，由于它所处的纬度和海拔不同而有所差异。太阳是最主要的自然辐射源，在不同纬度上，由于太阳高度角不同，辐射强度不同，地物的反射强度也有些差异。海拔会影响到太阳光穿过大气的厚度，也会使地物反射光谱发生变化。

(3)与季节有关。同一地物在同一地点的反射光谱强度，由于季节不同而有所差异。因为季节不同，太阳高度角不同，太阳光到地面的距离也有所不同。这样，地面所接收到太阳光的能量和反射能量也随之不同。因此，同一地物在不同地区或不同季节，虽然它们的反射光谱曲线大体相似，但其反射率却有所不同。

(4)与探测时间有关。同一地物，由于探测时间不同，其反射率也不同。一般来说，中午测得的反射率大于上午或下午测得的反射率。因此，在进行地物光谱测试中，必须考虑最佳时间，以便将由于光照几何条件的改变而产生的变异控制在允许范围内。

(5)与气象条件有关。同一地物在不同天气条件下，其反射光谱曲线也不一样，一般来说，晴天测得的反射率大于阴天测得的反射率。

总之，地物光谱特性受到一系列环境因素的影响和干扰，在应用和分析时，光谱特性的这些变化应引起特别的注意。

第二节　遥感平台及分类

遥感平台即安装传感器的平台，是用于安置各种遥感仪器，使其从一定高度或距离对地面目标进行探测，并为其提供技术保障和工作条件的运载工具。

根据运载工具的类型，可分为航天平台、航空平台、地面平台。航天平台的高度在150 km以上，航天平台指在大气层外飞行的飞行器，高度是几百、几千至几万千米，包括卫星、火箭、航天飞机、宇宙飞船，其中最高的是静止卫星，位于赤道上空36 000 km的高度上，其次是700 ~900 km高空的Landsat、SPOT、MOS等地球观测卫星。航空遥感平台一般是指高度在 80 km 以下的遥感平台,包括低、中、高空飞机,以及飞艇、气球等,高度在百米至十余千米不等,其中飞机按高度可以分为低空平台、中空平台和高空平台,气球分为低空气球和高空气球。地面平台包括遥感塔、三脚架、遥感车(船)等,高度均在 0 ~ 50 m,其中三角架的高度一般为 0.75 ~ 2.0 m,主要测定各种地物的光谱特性并进行地面摄影。遥感塔主要用于测定固定目标和进行动态监测,高度在 6 m 左右。遥感车主要测定地物光谱特性,取得地面图像。遥感船除从空中对水面进行遥感外,还可以对海底进行遥感。各类遥感平台的特点见表 2-4。

表 2-4　航天平台、航空平台、地面平台

项目	航天平台	航空平台	地面平台
遥感平台及高度	位于大气层外的卫星、宇宙飞船等,高度大于 150 km	大气层内飞行的各类飞机、飞艇、气球等,高度小于 80 km	遥感塔、三角架、遥感车(船)等
成像特点	比例尺最小,覆盖率最大,概括性强,具有宏观的特性,多为多波段成像	比例尺中等,画面清晰,分辨率高,可以对垂直点地物清晰成像,多为单一波段成像	比例尺最大,覆盖率最小,画面最清晰,多为单一波段成像
应用特点	动态性好,适合对某地区连续观察,周期性好	动态性好,适合对某地区连续观察,周期性好	灵活机动,费用较低,适合小范围探测

遥感平台中,航天平台目前发展最快。根据航天平台的服务内容,可以将其分为气象卫星系列、陆地卫星系列和海洋卫星系列。虽然不同的卫星系列所获得的遥感信息常常对应于不同的应用领域,但在进行检测时,常常根据不同卫星资料的特点,选择多种平台资料。

一、气象卫星系列

(一)气象卫星概述

气象卫星是指从太空对地球及其大气层进行气象观测的人造地球卫星。卫星上搭载各种气象传感器,接收和测量地球及其大气层的可见光、红外和微波辐射,并将其转换成电信号传送给地面站。地面站将卫星传来的电信号复原,绘制成各种云层、地表和海面图片,再经进一步处理和计算,得出各种气象资料。气象卫星按轨道的不同分为太阳轨道(极轨道)气象卫星和地球静止轨道气象卫星;按是否用于军事目的分为军用气象卫星和民用气象卫星。气象卫星观测范围广,观测次数多,观测时效快,观测数据质量高,不受自然条件和地域条件限制,它所提供的气象信息已广泛应用于日常气象业务、环境监测、防灾减灾、大气科学、海洋学和水文学的研究,显示了强大的生命力。气象卫星也是世界上应用最广的卫星之一,美国、俄罗斯、法国和中国等众多国家都发射了气象卫星。

(二)气象卫星的发展

1958 年美国发射的人造卫星开始携带气象仪器,1960 年 4 月 1 日,美国发射了第一颗试验性气象卫星,截止到 1990 年底,在 30 年的时间内,全世界共发射了 116 颗气象卫星,已经形成了一个全球性的气象卫星网,消灭了全球 4/5 地方的气象观测空白区,使人们能准确地获得连续的、全球范围内的大气运动规律,做出精确的气象预报,大大减少了灾害性损失。据不完全统计,如果对自然灾害能提前 3 ~ 5 天预报,就可以减少农业方面 30% ~ 50% 的损失，仅农、牧、渔业就可年获益 1.7 亿美元。例如，自 1982 年至 1983 年，在中国登陆的 33 次台风无一漏报。1986 年在广东汕头附近登陆的 8607 号台风，由于预报及时准确，减少损失达 10 多亿元。

1960 年 4 月 1 日，美国发射了世界上第一颗试验性气象卫星“泰诺斯”1 号，即电视和红外辐射观测卫星，这颗试验性气象卫星呈 18 面柱体，高 48 cm，直径 107 cm。卫星上装有电视摄像机、遥控磁带记录器及照片资料传输装置。它在 700 km 高的近圆轨道上绕地球运转 1 135 圈，共拍摄云图和地势照片 22 952 张，有用率达 60%。该气象卫星具有当时最优秀的技术性能。美国从 1960 年至 1965 年，共发射了 10 颗“泰诺斯”气象卫星，其中只有最后 2 颗才是太阳同步轨道气象卫星。1966 年 2 月 3 日，美国研制并发射了第一颗实用气象卫星“艾萨”1 号，它是美国第二代太阳同步轨道气象卫星，轨道高度约 1 400 km，云图的星下点分辨率为 4 000 m。从 1966 年至 1969 年，美国共发射了 9 颗气象卫星，获得了大量气象资料。它的发射成功开辟了世界气象卫星研制的新领域，大大减少了由于气象原因造成的各种损失。

全球气象卫星系统是世界气象监测网计划的最重要组成部分，由 64 个国家配合同步试验（见表 2-5），该卫星系统包括 5 个静止卫星系列和 2 个极轨卫星系列。

表 2-5　全球气象卫星系统（摘自《遥感地学分析》）

静止卫星			
承担国家	卫星名称	卫星监测区域	位置
日本	GMS	西太平洋、东南亚、澳大利亚	E140°
美国	SMS/GOES	北美大陆西部、东太平洋	WE140°
美国	SMS/GOES	北美大陆东西部、南美大陆	WE140°
欧洲航天局	Meteosat	欧洲、非洲大陆	0°
俄罗斯	COMS	亚洲大陆中部、印度洋	70°
极轨卫星			
承担国家	卫星名称	备注	
美国	NOAA 系列	在 800～1 500 km 高度，南北向绕地球运行，对东西约 3 000 km 的带状地域进行监测，一日两次。在极地地区观测密集	
俄罗斯	Meteop 系列		

我国 1988 年 9 月 7 日发射了第一颗气象卫星——风云一号，它是太阳同步轨道气象卫星，主要任务是获取全球的昼夜云图资料和进行空间海洋水色试验，卫星云图的清晰度可与美国“诺阿”卫星云图媲美。我国后来又成功发射了 4 颗极轨气象卫星（风云号，即风云一号 A、B、C、D 星）和 3 颗静止气象卫星（风云二号），经历了从极轨卫星到静止卫星、从试验卫星到业务卫星的发展过程。同时，我国还建立了以接收风云卫星为主、兼收国外环境卫星的卫星地面接收和应用系统，在气象减灾防灾、国民经济和国防建设中发挥了显著作用。目前，我国的极轨气象卫星和静止气象卫星已经进入业务化阶段，在轨运行的卫星分别是风云一号 D 星（2002 年发射）和风云二号 C 星（2004 年发射）。我国是世界上少数几个同时拥有极轨气象卫星和静止气象卫星的国家之一，是世界气象组织对地观测卫星业务监测网的重

要成员。

(三)气象卫星的特点

1. 轨道

气象卫星的轨道分为两种,即低轨和高轨。低轨就是近极太阳同步轨道,简称极地轨道。卫星轨道高度为 800 ~1 600 km,南北向绕地球转动,对东西宽约 2 800 km 的带状地域进行观测。由于与太阳同步,卫星每天在固定的时间(地方时)经过每个地点的上空,因此资料获得时具有相同的照明条件。观测次数一日两次(对某一点而言),在极地地球观测频繁。高轨是指地球同步轨道,轨道高度 3 600 km 左右,绕地球一周需 24 h。卫星公转角速度和地球自转角速度相等,相对于地球似乎固定于高空某一点,故称做地球同步卫星或静止气象卫星。静止卫星能观测 1/4 的面积,由 3 ~4 颗卫星形成空间监测网,对全球中纬地区进行观测。对某一固定地区,每隔 20 ~30 min 获取一次资料。由于它相对地球静止,所以可作为通信中继站,用于传送各种天气资料,如天气图、预报图等。

2. 短周期重复观测

静止气象卫星具有较高的重复周期(0.5 h 一次);极轨卫星如 NOAA 等具有中等重复覆盖周期,一般 0.5 ~1 天一次。总的来说,气象卫星分辨率较高,有助于对地面快速变化的动态监测。

3. 成像面积大,有利于获得宏观同步信息,减少数据处理容量

气象卫星扫描宽度 2 800 km,只需 2 ~3 条轨道就可以覆盖我国,相对于其他卫星(如陆地卫星)更加容易获得完全同步、低云量或无云的影像。

4. 资料来源连续,实时性强,成本低

气象卫星获得的遥感资料包括:可见光和红外云图等图像资料;云量、云分布、大气垂直温度、大气水汽含量、臭氧含量、云顶温度、海面温度等数据资料;太阳质子、γ 射线和 X 射线的高空大气物理参数等空间环境监测资料;对图像资料和数据资料等加工处理后的派生资料。另外,由于气象卫星兼有通信卫星的作用,利用气象卫星上的数据收集系统(DCS)可以同时收集来自气球、飞船、船舶、海上漂浮站、无人气象站等的各种资料,并转发给地面专门的资料收集和处理中心。

(四)气象卫星资料的应用领域

1. 天气分析和气象预报

利用气象卫星云图,可以根据云的大小、亮度、边界形状、水平结构、纹理等识别各种云系的分布,推断出锋面、气旋(水平范围达数千千米)、台风(水平范围达数百到数千千米)、冰雹等的存在和位置,从而对这种大尺度和中尺度的天气现象成功地定位、跟踪及预报。

2. 气候和气候变迁的研究

近年研究表明,控制长期天气过程和气候变动的因素有太阳活动、下垫面变化,如二氧化碳增加,地表固体水的分布特别是两极冰雪覆盖量的变化,以及海洋与大气的耦合环流中海洋与大气的能量交换等。这些方面研究的资料通过气象卫星可以获得。气象卫星可以直接获得二氧化碳的含量数据,通过对云图的辐射信息的分析可以获得冰雪覆盖的信息。

3. 资源环境等领域

气象卫星上携带的传感器不仅可对大气圈和地球表面进行探测,有时也可对日地空间进行探测,因此气象卫星的用途是多方面的。在海洋学方面运用气象卫星有宽广的领域。

利用连续的气象卫星红外云图和可见光云图,可以从波谱和温度中区分出不同波谱、不同温度的水团或水流位置、范围、界限、运移并推算出其运移速度,从而了解水团、旋涡分布及洋流的变动等,为航海安全提供保障。气象卫星观测海流是十分有效的,通过研究海面温度分布状况,利用 NOAA 卫星的传感器获得红外云图,经水汽订正,可测量海面温度,绘制大范围的海面温度图,精度可达 1 ℃。根据海面温度分布图以及云图,还可辨别海洋暖流和寒流交界处的"锋面"位置和摆动情况,为确定渔场和可能出现的鱼种提供信息,并实时发出渔情、海况预报。另外,气象卫星资料在环境监测方面也能发挥作用,如森林火灾、尘暴、水污染等的监测。通过气象卫星资料可了解林火位置、范围,估计损失的材积量,并根据火灾区的风向、温度、降水等条件来预报火势的发展,以及对林业的烟尘扩散污染范围进行预测。

二、地球资源卫星系列

地球资源卫星简称资源卫星,指勘探和研究地球自然资源和环境的人造地球卫星。卫星所载的多光谱遥感设备获取地物目标辐射和反射的多种波段的电磁波信息,并将其发回地面接收站。地面接收站根据各种资源的波谱特征,对接收的信息进行处理和判读,得到各类资源的特征、分布和状态资料。随着遥感技术的发展,采用合成孔径雷达和光学传感器相结合的地球资源卫星,具有全天候、全天时、高精度的特点。地球资源卫星按勘探的区域分为陆地资源卫星和海洋资源卫星(海洋观测卫星或海洋卫星)。地球资源卫星能迅速、全面、经济地提供有关地球资源的情况,对土地利用、土壤水分监测、农作物生长、森林资源调查、地质勘探、海洋观测、油气资源勘察、灾害监测和全球环境监测等地球资源开发与国民经济发展具有重要作用。美国、俄罗斯、法国、欧洲航天局、加拿大、印度和中国等相继发射了地球资源卫星。

(一)陆地卫星系列

1. 陆地卫星(Landsat)

自 1972 年 7 月 23 日美国发射陆地卫星 1 号以来,到 1999 年 4 月已发射到陆地卫星 7 号(见表 2-6)。第一代陆地卫星 1 ~ 3 号分别发射于 1972 年 7 月 23 日、1975 年 1 月 22 日和 1978 年 3 月 5 日。此后陆续发射了 4 ~ 7 号卫星,其中 6 号卫星由于上天后发生故障而陨落。

表 2-6　Landsat 概况

Landsat	-1	-2	-3	-4	-5	-6	-7
发射时间	1972 年 7 月	1975 年 1 月	1978 年 3 月	1982 年 7 月	1985 年 3 月	1993 年 10 月	1999 年 4 月
终止时间	1978 年 1 月	1982 年 2 月	1983 年 3 月	1987 年 7 月	运行	失败	运行

Landsat 的轨道为太阳同步近极地圆形轨道,保证北半球中纬度地区获得中等太阳高度角的上午影像,且卫星通过某一地点的地方时相同。Landsat 每 16 ~ 18 天覆盖地球一次(重复覆盖周期),图像的覆盖范围为 185 km × 185 km。Landsat 上携带的传感器所具有的空间分辨率在不断提高,曾由 80 m 提高到 30 m,Landsat - 7 的空间分辨率又提高到 15 m。每帧图像的地面覆盖面积为 185 km × 185 km,相邻两帧重叠 14 km。陆地卫星已经发射了 7 颗,目前 Landsat - 5 和 Landsat - 7 仍然在运行。

Landsat 轨道参数见表 2-7。

表 2-7 Landsat 轨道参数

Landsat 系列卫星	Landsat-1~3	Landsat-4~5	Landsat-7
轨道高度 H(km)	915	705	705
轨道倾角 I(°)	99.125	98.22	98.22
运行周期性 T(min)	103.26	98.9	98.9
重复周期性 D	18 天 251 圈	16 天 233 圈	16 天 233 圈
降交点时间	09:42	09:30	10:00
偏移系数 d	-1	-7	-7
图像幅宽(km)	185	185	185

2. 斯波特卫星(SPOT)

1978 年起,以法国为主,联合比利时、瑞典等国家,设计、研制了一颗名为"地球观测试验系统"(SPOT)的卫星,也叫做"地球观测试验卫星"。主要成像系统是高分辨率可见光扫描仪(HRV、HRG)、VEGETATION 和 HRS。SPOT 概况见表 2-8。

表 2-8 SPOT 概况

SPOT	-1	-2	-3	-4	-5
发射时间	1986 年 2 月 22 日	1990 年 1 月 22 日	1993 年 9 月 26 日	1998 年 3 月 24 日	2002 年 5 月
终止时间	1990 年 12 月 31 日	运行	1996 年 11 月 14 日	运行	运行
探测器	HRV	HRV	HRV	HRVIR Poam3	HRVIR + VI

SPOT 的轨道是太阳同步近极地圆形轨道,轨道高度 830 km 左右,卫星的覆盖周期是 26 天,重复观测能力一般 3~5 天,部分地区达到 1 天。较之陆地卫星,其最大的优势是最高空间分辨率达 10 m,并且 SPOT 的传感器带有可定向的发射镜,使仪器具有偏离天底点(倾斜)观察的能力,可获得垂直和倾斜的图像。因而,其重复观测能力由 26 天提高到 1~5 天,并在不同轨道扫描重叠产生立体像对,可以提供立体观测地面、描绘等高线、立体测图和立体显示等。SPOT 轨道参数见表 2-9。

表 2-9 SPOT 轨道参数

标称轨道高度	832 km
轨道倾角	98.7°
轨道周期	101.46 min
日绕总圈数	14.9 圈
重复周期	26 d
降交点地方太阳时	10:30(±15 min)
HRV 地面扫面宽度	60 km
舷向每行像元数	3 000/6 000 个

3. 中巴地球资源卫星(CBERS)

中巴地球资源卫星是我国第一代传输型地球资源卫星,包含中巴地球资源卫星 01 星、中巴地球资源卫星02星和中巴地球资源卫星02B星共3颗卫星,凝聚着中巴(中国和巴西)两国航天科技人员十几年的心血,它的成功发射与运行开创了中巴两国合作研制遥感卫星、应用资源卫星数据的广阔领域,结束了中巴两国长期单纯依赖国外对地观测卫星数据的历史,被誉为"南南高科技合作的典范"。中国资源卫星应用中心负责资源卫星数据的接收、处理、归档、查询、分发和应用等业务。1999年10月14日,中巴地球资源卫星01星(CBERS-01)成功发射,在轨运行3年零10个月;2003年10月21日,中巴地球资源卫星02星(CBERS-02)发射升空,目前仍在轨运行。2004年中巴两国正式签署补充合作协议,启动中巴地球资源卫星02B星研制工作。2007年9月19日,中巴地球资源卫星02B星在中国太原卫星发射中心发射,并成功入轨,2007年9月22日首次获取了对地观测图像。此后两个多月时间里,有关单位完成了卫星平台在轨测试、有效载荷的在轨测试等工作。中巴地球资源卫星上的3种遥感相机可昼夜观察地球,利用高速率数传系统将获取的数据传输回地球地面接收站,经加工、处理成各种所需的图片,供各类用户使用。

中巴地球资源卫星由于设置多光谱观察、对地观察范围大、数据信息收集快,并且宏观、直观,因此特别有利于动态和快速观察地球地面信息。其图像产品可用来监测国土资源的变化,每年更新全国利用图;测量耕地面积,估计森林蓄积量,农作物长势、产量和草场载蓄量及每年变化;监测自然和人为灾害;快速查清洪涝、地震、林火和风沙等破坏情况,估计损失,提出对策;对沿海经济开发、滩涂利用、水产养殖、环境污染提供动态情报;同时勘探地下资源,圈定黄金、石油、煤炭和建材等资源区,监督资源的合理开发。它在我国国民经济中发挥强有力的作用。

4.其他陆地卫星

1991年7月欧洲航天局发射了ERS-1地球资源卫星,1992年2月日本发射了JERS-1地球资源卫星等,它们均采用合成孔径雷达和光学传感器相结合的方式,具有全天候、全天时、高精度的特点。

(二)海洋卫星系列

海洋卫星就是主要用于海洋水色色素的探测,为海洋生物的资源开发利用、海洋污染监测与防治、海岸带资源开发、海洋科学研究等领域服务的一种人造地球卫星。

海洋卫星可以为海洋专属经济区(EEZ)综合管理和维护国家海洋权益服务。海洋卫星可为EEZ划界的外交谈判提供海洋环境和资源信息,尤其是那些调查船及飞机难以进入的敏感海域。海洋卫星可提高海洋环境监测预报能力。我国地处西北太平洋西岸,该海域是全世界38%热带风暴的发源地。我国深受其害,平常年份造成的直接经济损失为60亿元左右,严重年份超过100亿元。1997年的"9711"特大风暴袭击浙江沿海,仅浙江省直接经济损失达170多亿元。海洋卫星可为海洋资源调查与开发服务。海洋资源主要是海洋油气、海洋渔业和海岸带资源。我国40多个近海渔场普遍出现衰竭现象,迫切需要发展远洋渔业。发展海洋卫星有利于实施海洋污染监测、监视,保护海洋自然环境资源。海洋污染主要是石油污染和污水污染。海上石油污染来自陆源排放、海上油井泄漏及船舶排放等,其中陆源排放量最多。我国沿海有250多处油污染源,每年排放量10万t以上。发展海洋卫星有利于加强全球气候演变研究,提高对灾害性气候的预测能力。海水温度是影响中长期天气过程的重要因子,研究表明,台风生成与海水温度关系密切,中国南海台风生成前24 h海水温度平均27 ℃;太平洋东岸冬季海水温度与西岸次年夏季风强度呈负相关。

1. Seasat 系列卫星

Seasat 系列卫星发射始于 1978 年，为太阳同步近极地圆形轨道。卫星能覆盖全球 95% 的地区，即南北纬 72°之间地区，一次扫描覆盖海面宽度 1 900 km。卫星装载了 5 种传感器，其中 4 种是微波传感器。

2. ERS 系列卫星

ERS－1 作为 20 世纪 90 年代新一代空间计划的先驱于 1991 年发射，1995 年 ERS－2 发射成功。卫星上装有微波散射计、雷达高度计和微波辐射计等传感器，主要目的是开展卫星测量，监测海洋动力基本要素，为用户进行业务服务及为世界大洋合作研究项目提供业务服务参数（包括海面风场、大地水准面、海洋重力场、极地海冰的面积、边界线、海况、风速、海面温度和水汽等）。微波散射计风速测量精度为 2 m/s 或 10%，风向测量精度为 ±20°；雷达高度计的测高精度为 3 cm；微波辐射计测量海面温度精度为 ±5 K。ENVISAT－1 卫星是 ERS 卫星的后继星，2001 年底发射，是一颗有轨对地观察卫星，进行为期 5 年的对大气、海洋、陆地、冰的测量。该星测验数据连续，主要支持地球科学研究，并且可以对环境和气候的变化做出评估，甚至可以为军事、商业的应用提供便利。它们均使用全天候测量和成像的微波技术，提供全球重复性观测数据，为太阳同步近极地轨道卫星系统，观测领域包括海况、洋面风、海洋循环及冰层等。

3. TOPEX/Poseidon 卫星

1992 年美国和法国联合发射 TOPEX/Poseidon 卫星。卫星上载有一台美国 NASA 的 TOPEX 双频高度计和一台法国 CNES 的 Poseidon 高度计，用于探测大洋环流、海况、极地海冰，以便研究这些因素对全球气候变化的影响。TOPEX/Poseidon 高度计的运行结果表明其测高精度达到 2 cm。JASON－1 星是 TOPEX/Poseidon 的一颗后继卫星，主要任务是精确地测量世界海洋地形图。该卫星装有高精度雷达高度计、微波辐射计、DORIS 接收机、激光反射器、GPS 接收机等，其中雷达高度计测量误差约 2.5 cm。JASON 卫星轨道高度 1 336 km，倾角 66°，设计寿命为 3 年，最大功耗为 435 W，总质量为 500 kg。

4. 其他海洋卫星

日本海洋观测卫星（MOS1）于 1978 年 2 月发射，采用太阳同步轨道，其目的是获取大陆架浅海的海洋数据，为生物资源开发、海洋环境保护提供海洋学方面的资料。加拿大雷达卫星（RADARSAT）于 1995 年 11 月发射成功，它所携带的合成孔径雷达是一台功率很强的微波传感器，其主要用于资源管理、冰、海洋和环境监测等。另外，还有美国的雨云七号、中国的海洋一号和海洋二号卫星等。

三、高分辨率卫星系列

（一）IKONOS 卫星

IKONOS 是空间成像公司为满足高解析度和高精度空间信息获取而设计制造的，是全球首颗高分辨率商业遥感卫星。IKONOS－1 卫星于 1999 年 4 月 27 日发射失败，同年 9 月 24 日，IKONOS－2 卫星发射成功，紧接着于 10 月 12 日成功接收到第一幅影像。

IKONOS 卫星由洛克希德－马丁公司制造，由 Athena Ⅱ 火箭于加利福尼亚州的范登堡空军基地发射成功，卫星设计寿命为 7 年。它采用太阳同步轨道，轨道倾角 98.1°，平均飞行高度 681 km，轨道周期 98.3 min，通过赤道的当地时间为 10:30，在地面上空平均飞行速度为6.79 km/s,卫星平台自身高1.8 m,直径1.6 m。

IKONOS 卫星的传感器系统由美国伊斯曼－柯达公司研制,包括一个1 m分辨率的全色传感器和一个4 m分辨率的多光谱传感器,其中全色传感器由13 816个CCD单元以线性阵列排成,CCD单元的物理尺寸为12 μm×12 μm;多光谱传感器分4个波段,每个波段由3 454个CCD单元组成。传感器光学系统的等效焦距为10 m,视场角(FOV)为0.931°,因此当卫星在681 km的高度飞行时,其星下点的地面分辨率在全色波段最高可达0.82 m,在多光谱波段可达3.28 m,扫描宽度约为11 km。传感器可倾斜至26°立体成像,平均地面分辨率1 m左右,此时扫描宽度约为13 km。IKONOS的多光谱波段与Landsat TM的1～4波段大体相同,并且全部波段都具有11位的动态范围,从而使影像包含更加丰富的信息。

IKONOS卫星载有高性能的GPS接收机、恒星跟踪仪和激光陀螺。GPS数据经过后处理可提供较精确的星历信息;恒星跟踪仪用以高精度确定卫星的姿态,其采样频率低;激光陀螺则可高频地测量成像期间卫星的姿态变化,短期内有很高的精度。恒星跟踪数据与激光陀螺数据通过卡尔曼滤波能提供成像期间较精确的卫星姿态信息。GPS接收机、恒星跟踪仪和激光陀螺提供的较高精度的轨道星历和姿态信息,保证了在没有地面控制的情况下,IKONOS卫星影像也能达到较高的地理定位精度。

IKONOS广泛用于城市、港口、土地、森林、环境、灾害调查和军事目标动态监测,用于国家级、省级、市县级数据库的建设及更新,在国民经济建设中有着广泛的应用前景。IKONOS卫星数据的推广应用将有力地推动全球遥感应用的发展,在"数字地球"建设中作出巨大贡献。图2-6为IKONOS卫星外观。

图2-6　IKONOS卫星外观

(二)QuickBird 卫星

QuickBird卫星(快鸟卫星)由Ball航天技术公司、伊斯曼－柯达公司和Fokker空间公司联合研制,由数字地球公司运营,是目前世界上空间分辨率最高的商用卫星。早在1997年12月24日,地球观测公司就用俄罗斯START－1运载火箭发射了EarlyBird卫星,但卫星在入轨4 d后失踪;3年以后,在2000年11月20日地球观测公司又发射了QuickBird－1卫星,仍采用俄罗斯的运载火箭发射,但卫星未入轨而宣告失败;1年后地球观测公司改名为数字地球公司,并于2001年10月18日改用美国波音公司Delta Ⅱ型运载火箭发射QuickBird－2卫星获得成功。现在我们所称的QuickBird卫星即是指QuickBird－2卫星。

与 IKONOS 卫星类似，QuickBird 卫星也具有推扫、横扫成像能力，可以获取同轨立体影像或异轨立体影像，但一般情况下通过推扫获取同轨立体影像，立体影像的基高比为 0.6 ~ 2.0，但绝大多数情况下为 0.9 ~ 1.2，适合三维信息提取。根据纬度的不同，卫星的重访周期为 1 ~ 3.5 d。垂直摄影时，QuickBird 卫星影像的条带宽为 16.5 km，比 IKONOS 宽 60%，当传感器摆动 30°时，条带宽约 19 km（见表 2-10）。

表 2-10　QuickBird 卫星有关参数

发射日期	2001 年 10 月 18 日
发射装置	波音 Delta Ⅱ型运载火箭
发射地	加利福尼亚范登堡空军基地
轨道高度	450 km
轨道倾角	97.2°
飞行速度	7.1 km/s
降交点时刻	10:30
轨道周期	93.5 min
条带宽	垂直成像时为 16.5 km
空间分辨率	全色:61 cm（星下点）；多光谱:2.44 m（星下点）
光谱响应范围	全色:450 ~ 900 nm B:450 ~ 520 nm；　G:520 ~ 600 nm R:630 ~ 690 nm；　NIR:760 ~ 900 nm

（三）美国锁眼卫星

锁眼系列照相侦察卫星是美国 20 世纪 60 年代开始使用的侦察卫星，从 1960 年 10 月开始发射第一颗，迄今主要有 KH－1、KH－4、KH－5、KH－6、KH－7、KH－8、KH－9、KH－11、KH－12 等 9 种型号，目前应用最为广泛的 KH－12，采用当今最先进的自适应光学成像技术，可在计算机控制下随观测视场环境的变化灵活地改变主透镜表面曲率，从而有效地补偿大气影响造成的观测影像畸变。

卫星还采用了小像元和多像元 CCD、长焦距等新技术和复杂的卫星稳定控制技术，不但使地面分辨率从 KH－11 的 0.15 m 提高到 0.1 m，也使瞬时观测幅宽从 2.8 ~ 4 km 提高到 40 ~ 50 km。0.1 m 分辨率代表了目前照相侦察卫星的最高分辨率，足以发现地表几乎所有的军事目标。仅提高分辨率并不具有真正的实战意义，只有同时具备高空间分辨率和高时间分辨率才能真正满足实战需要。美国 KH－12 侦察卫星，有“极限轨道平台”之称，是当今分辨率最高的光学侦察卫星。

第三节　遥感数据的获取

一、摄影成像

摄影是通过成像设备获取物体影像的技术。传统的摄影依靠光学镜头及放置在焦平面的感光胶片来记录物体影像。数字摄影则通过放置在焦平面的光敏原件,经过光电转换,以数字信号来记录物体的影像。

(一)摄影测量原理

摄影测量是根据小孔成像原理,用摄影物镜代替小孔,在像面处放置感光材料,物体的投影光线经摄影物镜后聚焦于感光材料上,得到地面的影像。

(二)摄影成像分类

根据用途的不同,摄影成像可选用不同的方式和感光材料,从而得到功能不同的航空像片。

1. 按像片倾斜角分类

通过物镜中心并与像片平面垂直的直线称为主光轴。每一台摄影机的物镜都有一个主光轴。摄影机的感光片是放在与主光轴垂直且与物镜距离很接近焦距的平面上。主光轴与感光片的交点称为像主点,主光轴与铅垂线的夹角称为像片倾角。由于主光轴垂直于像平面,铅垂线垂直于水平面,因而像片面与水平面之间的夹角等于航摄倾角。按像片倾斜角分类,可分为垂直摄影和倾斜摄影。

垂直摄影:倾斜角等于0°的,是垂直摄影,这时主光轴垂直于地面(与主垂线重合),感光胶片与地面平行。但由于飞行中的各种原因,倾斜角不可能绝对等于0°,一般凡倾斜角小于3°的即称垂直摄影。由垂直摄影获得的像片称为水平像片。水平像片上地物的影像,一般与地面物体顶部的形状基本相似,像片各部分的比例尺大致相同。水平像片能够用来判断各目标的位置关系和量测距离。

倾斜摄影:倾斜角大于3°的,称为倾斜摄影,所获得的像片称为倾斜像片。这种像片可单独使用,也可以与水平像片配合使用。

2. 按摄影的实施方式分类

按摄影的实施方式分类,可分为单片摄影、航线摄影和面积摄影。

单片摄影:为拍摄单独固定目标而进行的摄影称为单片摄影,一般只摄取一张(或一对)像片,针对的是比较小的区域。

航线摄影:沿一条航线,对地面狭长地区或沿线状地物(铁路、公路等)进行的连续摄影,称为航线摄影。为了使相邻像片的地物能互相衔接以及满足立体观察的需要,相邻像片间需要一定的重叠,称为航向重叠。航向重叠度一般应达到60%。

面积摄影:沿数条航线对较大区域进行连续摄影,称为面积摄影(或区域摄影)。面积摄影要求各航线互相平行。在同一条航线上相邻像片间的航向重叠度一般为60%~65%。相邻航线间的像片也要有一定的重叠,这种重叠称为旁向重叠,旁向重叠度一般应为15%~30%。实施面积摄影时,通常要求航线与纬线平行,即按东西方向飞行,但有时也按照设计航线飞行。由于在飞行中难免出现一定的偏差,故需要限制航线长度。般线长度一般为60~120 km,以保证不偏航,不产生漏摄。

3. 按感光材料分类

按感光材料分类,可分为全色黑白摄影、黑白红外摄影、彩色摄影、彩色红外摄影和多光谱摄影等。

全色黑白摄影:指采用全色黑白感光材料进行的摄影。它对可见光波段(0.4~0.76 μm)内的各种色光都能感光,目前应用较广。全色黑白像片是容易收集到的航空遥感资料之一。如我国为测制国家基本地形图摄制的航空像片即属此类。

黑白红外摄影:是采用黑白红外感光材料进行的摄影。它能对可见光、近红外波段(0.4~1.3 μm)感光,尤其对水体植被反应灵敏,所摄像片具有较高的反差和分辨率。

彩色摄影:彩色摄影虽然也是感受可见光波段内的各种色光,但由于它能将物体的自然色彩、明暗度以及深浅表现出来,因此彩色像片与全色黑白像片相比,影像更为清晰,分辨率更高。

彩色红外摄影:彩色红外摄影虽然也是感受可见光和近红外波段(0.4~1.3 μm),但却使绿光感光之后变为蓝色,红光感光之后变为绿色,近红外感光后成为红色,这种彩色红外像片与彩色像片相比,在色别、明暗度和饱合度上都有很大的不同。例如在彩色像片上绿色植物呈绿色,在彩色红外像片上却呈红色。由于红外线的波长比可见光的波长长,受大气分子的散射影响小,穿透力强,因此彩色红外像片色彩要鲜艳得多。

多光谱摄影:利用摄影镜头与滤光片的组合,同时对一地区进行不同波段的摄影,取得不同的分波段像片。例如通常采用的四波段摄影,可同时得到蓝、绿、红及近红外波段4张不同的黑白像片,或合成为彩色像片,或将绿、红、近红外3个波段的黑白像片合成假彩色像片。

(三)摄影成像的特征

1.中心投影

常见的大比例尺地形图属于垂直投影,而摄影像片属于中心投影。这是因为摄影成像时地面上的每一物点所反射的光线,经过镜头中心后,都会聚到焦平面上产生该物点的像,而航摄机则是把感光胶片固定在焦平面上。同时,每一物点所反射的许多光线中,有一条通过镜头中心而不改变其方向,这条光线称为中心光线。所以,每一物点在镜面上的像,可以视为中心光线和底片的交点,这样在底片上就构成负像,经过接触晒印所获得的航空像片为正像。

2.中心投影特征

在中心投影上,点还是点,直线一般还是直线,但若直线的延长线通过投影中心,该直线的像则是一个点。空间曲线的像一般仍为曲线,但若空间曲线在一个平面上,而该平面通过投影中心,它的像则成为直线。了解中心投影的这些特征,有利于识别地物。

3.像片比例尺

像片上某一线段长度与地面相应长度之比,称为像片比例尺,用 $1/M$ 表示,$1/M=f/H$,其中 f 是摄影机的焦距,H 是飞行器的相对航高。由公式可知,像片比例尺与物镜焦距成正比,与相对航高成反比。若焦距固定不变,相对航高越高,比例尺越小。此外,地形起伏也会影响比例尺。地面总是起伏不平的,每次拍摄像片时,地面至摄影机物镜的距离不相同,即使在同一张像片上,因地形起伏地面至投影中心的距离也不尽相等。因此,像片比例尺不是唯一的。

二、扫描成像

扫描成像是依靠探测元件和扫描镜头对目标地物以瞬时视场为单位进行的逐点、逐行取样,以得到目标地物电磁辐射特性信息,形成一定谱段的图像。其探测波段包括紫外、红外、可见光和微波波段。扫描成像方式有光/机扫描成像、固体自扫描成像、高光谱成像光谱扫描。

（一）光/机扫描成像

光/机扫描成像系统一般在扫描仪的前方安装光学镜头，依靠机械传动装置使镜头摆动，形成对目标地物的扫描。扫描仪由一个四方棱镜、若干反射镜和探测元件组成。四方棱镜旋转一次，完成四次光学扫描，入射的平行波束经四方棱镜反射后，分成两束，每束光经平面反射后，又聚成一束平行光投射到聚焦反射镜，使能量聚集到探测器的探测元件上。探测元件把接收到的电磁波能量转换成电信号，在磁介质上记录，或转变成光能量，在设置于焦平面的胶片上形成影像。

（二）固体自扫描成像

固体扫描仪又称推帚式扫描仪，是通过遥感平台的运动对目标地物进行扫描的一种成像方式。目前常用的探测元件是电子耦合器件 CCD。它是一种用电荷量表示信号大小，用 CCD 构成的扫描成像传感器，可将许多探测元件按线性排列成与飞行器前进方向垂直的阵列，每排的探测元件数与扫描线的像元数相等，工作时探测元件输出的数据值与像元的亮度相对应，这样按线性阵列一个个顺序推帚式地取样，完成横向扫描。飞行器向前不断地移动，即可完成纵向移动，从而得到连续的扫描图像。固体扫描仪去除了复杂的机械扫描机构，每个探测器的几何位置都是精确确定的，提高了探测的精度和仪器的灵敏度及信噪比。例如，法国1986 年发射的 SPOT 卫星上安装了两台由 CCD 线性阵列构成的高分辨率固体扫描仪（HRV），它采用 4 排阵列，每列 1 500 个，总计 6 000 个固体探测元件，地面分辨率较高，可达 10 m（全色波段）。用耦合方式传输信号的探测元件，具有感受波谱范围宽、畸变小、体积小、质量小、系统噪声低、灵敏度高、动耗小、寿命长、可靠性高等一系列优点。

（三）高光谱成像光谱扫描

通常的多波段扫描仪将可见光和红外波段分割成几个到十几个波段，对于遥感而言，在一定波长范围内，被分割的波段越多，即波谱取样点越多，越接近于连续光谱曲线，因此可以使得扫描仪在取得目标地物图像的同时也能获取该地物的光谱组成。这种既能成像又能获取目标光谱曲线的“谱像合一”技术，称为成像光谱技术。按该原理制成的扫描仪称为成像光谱仪。

高光谱成像光谱仪采用遥感发展中的新技术，其图像由多达数百个波段的非常窄的连续光谱波段组成，光谱波段覆盖了可见光、近红外、中红外和热红外区域全部光谱带。光谱仪成像时多采用扫帚式或推帚式，可以收集 200 或 200 以上波段的数据，使得图像中的每一个像元均得到了连续反射率的曲线，而不像其他传统的成像光谱仪在波段之间存在间隔。

三、微波遥感与成像

（一）微波遥感

电磁波谱有时把波长在毫米到千米的很宽的幅度通称为无线电波区间，在这一区间按照波长由短到长又可以划分为亚毫米波、毫米波、厘米波、分米波、超短波、短波、中波和长波，其中毫米波、厘米波和分米波三个区间称为微波波段，因此有时又更明确地把这一区间分为微波波段和无线电波波段。微波也是无线电波，其波长从 1 mm 到 1 000 mm，微波在接收和发射时常常仅用很窄的波段，所以又把微波波段加以细分并给予详细的命名。表 2-11 给出了微波遥感范围。

表 2-11　微波遥感范围

谱带名称	波长范围(cm)
Ka	0.75 ~ 1.13
K	1.13 ~ 1.67
Ku	1.67 ~ 2.42
X	2.42 ~ 3.75
C	3.75 ~ 7.50
S	7.50 ~ 15
L	15 ~ 30
P	30 ~ 100

(二)微波遥感的特点

微波遥感也可以称为雷达遥感,利用微波探测得到的图像也叫做雷达图像。雷达(RADAR),原意是发射无线电波,然后接收探测目标的反射信号来分析目标的性质。在雷达的基础上,发展了成像微波遥感的真实孔径雷达和合成孔径雷达,这种雷达影像就是微波遥感影像。在第二次世界大战期间微波已用来作为夜间侦察的工具。而微波遥感被各国真正重视是从 20 世纪 60 年代开始的,从航空飞机到航天飞机再到人造卫星,到 20 世纪 90 年代形成发展高潮。微波遥感已和可见光遥感、红外遥感并驾齐驱,成为人类认识世界的重要手段。微波遥感之所以发展得如此之快,是因为微波有可见光和红外波段所没有的很多优点。

1. 微波的穿云透雾能力使遥感探测可以全天候进行

瑞利散射的散射强度与波长的 4 次方成反比,波长越长,散射越弱。大气中的云雾水珠及其他悬浮微粒比微波波长小很多,应该遵循瑞利散射。在可见光波段,这种散射影响很明显。对于微波,由于微波波长比可见光长很多,散射强度就弱到可以忽略不计。也就是说,微波在传播过程中不受云雾影响,具有穿云透雾的能力。

2. 微波可以全天时工作

可见光由太阳辐射而来,太阳照射时可以观测,夜晚就不能观测。而微波无论是被动式遥感(接收目标物发射的微波信号)还是主动式遥感(传感器发出微波信号再接收地面目标物反射回来的信号)都不受地球自转影响而全天时工作。而且,相对于红外遥感而言,大气衰减也很小。

3. 微波对地物几何形状、地球表面粗糙度、土壤湿度敏感

微波的穿透能力与土壤湿度、微波频率及土壤类型有关系。例如沙土、沃土、黏土相比较,沙土穿透性最强。但土壤中的水分含量对穿透性影响很大。无论对哪类土壤,湿度越大,穿透性越小。对于不同的物质,微波的穿透本领有很大不同,同样的频率对干沙土可以穿透几十米,对冰层则能穿透百米。总的来说,微波的穿透本领比其他波段强。这里要注意的是,微波对于金属和其他良导体几乎是没有穿透性的。

4. 微波有某些独特探测能力

微波是海洋探测的重要波段,对土壤和植物冠体也具有一定的穿透力,可以提供部分地物表面以下的信息。正因为微波得到的信息与可见光、红外波段得到的信息有所不同,如果用不同手段对同一目标物进行探测,可以互相补充,实现对目标物特性在微波波段、可见光波段和红外波段的全面描述。目前,随着微波遥感传感器的迅速发展,微波图像的空间分辨率已达到或接近可见光与红外图像的分辨率。它的应用范围也将越来越广泛。

(三)微波辐射的特征

微波属于电磁波,因此微波具有电磁波的基本特性,包括叠加、相干、衍射、极化等。

1. 叠加

当两个或两个以上的波在空间传播时,如果在某点相遇,则该点的振动是各个波独立引起该点振动时的叠加。

2. 相干

当两个或两个以上的波在空间传播,它们的频率相同,振动方向相同,振动相位的差是一个常数时,这时叠加后合成波的振幅是各个波振幅的矢量和,这种现象称为干涉。两波相干时,在交叠的位置,相位相同的地方振动加强,相位相反的地方振动抵消,其他位置均有不同程度的减弱。当两束微波相干时,在雷达图像上会出现颗粒状或斑点状特征。当两束波不符合相干条件时为非相干波,这时叠加后合成波的振幅是各个波振幅的代数和。上述现象在雷达图像上不会出现。

3. 衍射

电磁波传播过程中如果遇到不能透过的有限直径物体,会出现传播的绕行现象,即一部分辐射没有遵循直线传播的规律到达障碍物后面,这种改变传播方向的现象称为衍射。微波传播时会发生衍射现象。

4. 极化

电磁波传播是电场和磁场交替变化的过程,它们的方向相互垂直。电场常用矢量表示,矢量必定在与传播方向垂直的平面内。矢量所指的方向可能随时间变化,也可能不随时间变化。当电场矢量的方向不随时间变化时,称为线极化。线极化分为水平极化和垂直极化。水平极化指电场矢量与电磁波入射面垂直,记作 H;垂直极化是电场矢量与电磁波入射面平行,记作 V。电磁波发射后遇目标平面而反射,其极化状况在反射时会发生改变,根据传感器反射和接收的反射波极化状况可以得到不同类型的极化图像。若发射和接收的电磁波同为水平极化,则得到同极化图像 HH;若同为垂直极化,得到同极化图像 VV。若发射为水平极化 H,而接收为垂直极化 V,则得到交叉极化图像 HV;相反地,若发射为垂直极化 V,而接收为水平极化 H,得到的则是交叉极化图像 VH。除线极化波外,电场矢量在与传播方面垂直的平面上运动,也可能画出圆形或椭圆形的轨迹,称为圆极化波或椭圆极化波。平常应用较多的是 4 种线极化图像。同一种地物在不同极化图像里常常表现出不同的亮度,不同的地物也会表现出不同的对比度,因此利用不同的极化特征图像有可能在微波遥感图像上解译出更多的信息。

(四)微波传感器

微波传感器分为两类:非成像传感器和成像传感器。

1. 非成像传感器

非成像传感器一般属于主动式遥感系统。通过发射装置发射雷达信号,再通过接收回波信号测定参数。这种设备不以成像为目的。微波遥感应用的非成像传感器有以下两种。

1)微波散射计

微波散射计主要用来测量地物的散射或反射特性。通过变换发射雷达波束的入射角,或变换极化特征以及变换波长,研究在不同条件下对目标物散射特性的影响。

2)雷达高度计

雷达高度计用来测量目标物与遥感平台的距离,可以准确得知地表高度的变化、海浪的高度等参数,在飞机、航天器、海洋卫星中应用广泛。它的原理主要是根据发射波和接收波之间的时间差(波的传播速度为已知),求出距离。

2. 成像传感器

成像传感器的共同特征是在地面上扫描获得带有地物信息的电磁波信号,并形成图像。这些传感器可以是主动式遥感系统,如侧视雷达、合成孔径雷达等,也可以是被动式遥感系统,如微波辐射计等。

1)微波辐射计

微波辐射计主要用于探测地面各点的亮度温度,并生成亮度温度图像。地面物体都有发射微波信号的能力,其发射的强度与自身的亮度温度有关,可通过扫描接收这些信号并换算成对应的亮度温度图像,这对地面物体状况的探测很有意义。

2)侧视雷达

侧视雷达是在飞机或卫星平台上由传感器向与飞行方向垂直的侧面发射一个窄的波束,覆盖地面上这一侧面的一个条带,然后接收在这一条带上的地物的反射波,从而形成一个图像带。随着飞机或卫星的向前飞行,不断地发射这种脉冲波束,又不断地一个一个接收回波,从而形成一幅一幅的雷达图像。

3)合成孔径雷达

合成孔径雷达与侧视雷达类似,也是在飞机或卫星平台上由传感器向与飞行方向垂直的侧面发射信号。所不同的是,把发射和接收天线分成许多小单元,每一单元发射和接收信号的时刻不同。由于天线位置不同,记录的回波相位和强度都不同。这样做的最大好处是提高了图像飞行方向的分辨率。天线的孔径越小,分辨率越高。

第四节　遥感传感器及图像特征

一、传感器

遥感传感器是测量和记录被探测物体的电磁波特性的工具,是遥感技术系统的重要组成部分,通常由收集器、探测器、信号处理器和输出设备四部分组成。收集器由透射镜、反射镜或天线等构成;探测器指测量电磁波性质和强度的元器件;典型的信号处理器是负荷电阻和放大器;输出设备输出影像胶片、扫描图、磁带记录和波谱曲线等。

(一)传感器的分类

不同工作波段,适用的传感器是不一样的。摄影机主要用于可见光波段范围。红外扫描器、多谱段扫描器除可见光波段外,还可记录近紫外、红外波段的信息。雷达则用于微波波段。

按传感器本身是否带有电磁波发射源可分为主动式(有源)传感器和被动式(无源)传感器两类。主动式传感器向目标物发射电磁波,然后收集目标物反射回来的电磁波,目前在主动式传感器中主要使用激光和微波作为辐射源;被动式传感器是一种收集太阳光的反射及目标物自身辐射的电磁波的传感器,它们工作在紫外、可见光、红外、微波等波段,目前这种传感器占太空传感器的绝大多数。按传感器记录数据的不同形式,又可分成像传感器和非成像传感器,前者可以获得地表的二维图像,后者不产生二维图像。在成像传感器中又可细分为摄影式成像传感器(相机)和扫描式成像传感器。相机是最古老和常用的传感器,具有信息存储量大、空间分辨率高、几何保真度好和易于进行纠正处理的特点。扫描方式有空间扫描方式和物空间扫描方式两种,前一种方式的代表是电视摄像机,后一种方式的代表是光机扫描仪。推帚式扫描仪(固体扫描仪,也叫 CCD 摄影机)是两种扫描方式的混合,即在行进的垂直方向上是图像平面扫描,在行进方向上是目标平面扫描。从可见光到红外区的光学领域的传感器统称光学传感器,微波领域的传感器统称微波传感器。

地表物质的组成极为复杂多样,要充分探测它的各方面特性,最理想的办法无疑是全波段探测,因为单一波段的探测只能反映某几个方面的特性,常常遗失掉可能是主要的信息内容,不能反映出目标物的全貌,且对以后的目标物识别造成困难等。但全波段探测需要的设备太多太复杂,在实践中未必可能,也不一定必要。目前的做法是采用若干个典型的波段对同一个目标物同时进行探测,通过分析探测获得的信息量可以充分了解它的特性,而设备又不是太庞大太复杂,这就是所谓多光谱遥感技术,也是当前传感器的主要工作方式之一。多波段摄影相机或扫描仪,无论是装在遥感飞机上或是人造卫星上,都能获得光谱分辨率较高、信息量丰富的图像和数据。

(二)传感器的组成

无论哪一种传感器,它们基本是由收集系统、探测系统、信号转化系统和记录输出系统四部分组成的(见图 2-7)。

1. 收集系统

遥感应用技术是建立在地物的电磁波谱特性基础之上的,要收集地物的电磁波,必须有一种收集系统,该系统的功能在于把接收到的电磁波进行聚集,然后送往探测系统。不同的传感器使用的收集元件不同,最基本的收集元件是透镜、反射镜或天线。对于多波段遥感,收集系统还包括按波段分波束的元件,一般采用各种散光分光元件,例如滤光片、棱镜、光栅等。

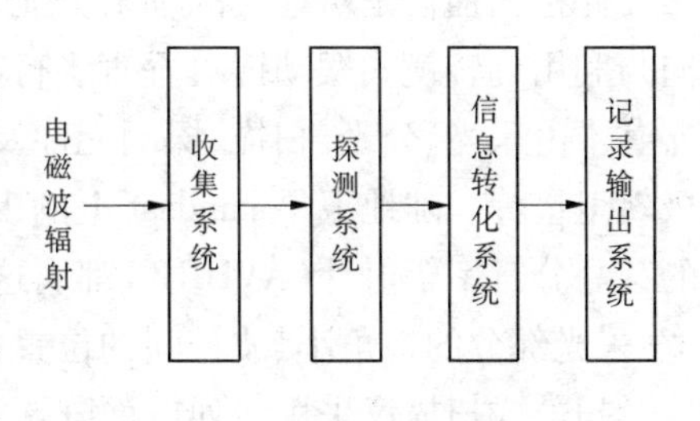

图 2-7 传感器的构成

2. 探测系统

传感器中最重要的部分就是探测元件,它是真正接收地物电磁辐射的器件。常用的探测元件有感光胶片、光电敏感元件、固体敏感元件和波导等。

3. 信号转化系统

除摄影照相机中的感光胶片无须信号转化外,其他传感器都有信号转化问题。光电敏感元件、固体敏感元件和波导等输出的都是电信号,从电信号转换到光信号必须有一个信号转化系统,这个转化系统可以直接进行电光转换,也可进行间接转换,先记录在磁带上,再经磁带加放,仍需经电光转换,输出光信号。

4. 记录输出系统

传感器的最终目的是要把接收到的各种电磁波信息用适当的方式输出,输出必须有一定的记录系统,遥感影像可以直接记录在摄影胶片上,也可记录在磁带上等。

(三)光学传感器的特性

光学传感器所获取的信息中最重要的特性有 3 个,即光谱特性、辐射度量特性和几何特性,这些特性决定了光学传感器的性能。

光谱特性主要包括传感器能够观测的电磁波的波长范围、各通道的中心波长等。在照相胶片型的传感器中,光谱特性主要由所用胶片的感光特性和所用滤光片的透射特性决定;而在扫描型的传感器中,光谱特性则主要由所用的探测元件及分光元件的特性决定。

光学传感器的辐射度量特性主要包括传感器的探测精度(包括所测亮度的绝对精度和相对精度)、动态范围(可测量的最大信号与传感器的可检测的最小信号之比)、信噪比(有意义的信号功率与噪声功率之比),除此之外,还有把模拟信号转换为数字量时所产生的量化等级、量化噪声等。

几何特性用光学传感器获取的图像的一些几何学特征的物理量描述,主要指标有视场角、瞬时视场、波段间的配准等。视场角指传感器能够感光的空间范围,也叫立体角,它与摄影机的视角、扫描仪的扫描宽度意义相同。瞬时视场是指在扫描成像过程中,一个光敏探测元件通过望远镜系统投影到地面上的直径或边长。通常也把传感器的瞬时视场称为它的空间分辨率,即传感器所能分辨的最小目标的尺寸。波段间的配准用来衡量基准波段与其他波段的位置偏差。

(四)典型传感器

当前,航天遥感中扫描式主流传感器有两大类:光机扫描仪和扫帚式扫描仪。

光机扫描仪是对地表的辐射分光后进行观测的机械扫描型辐射计,它把卫星的飞行方向与利用旋转镜式摆动镜对垂直飞行方向的扫描结合起来,从而收到二维信息。这种传感器基本由采光、分光、扫描、探测元件及参照信号等部分构成。光机扫描仪所搭载的平台有极轨卫星等。陆地卫星 Landsat 上的多光谱扫描仪(MSS)、专题成像仪(TM)及气象卫星上的甚高分辨率辐射计(AVHRR)都属这类传感器。这种机械扫描型辐射计具有扫描条带较宽、采光部分的视角小、波长间的位置偏差小、分辨率高等特点。

扫帚式扫描仪采用线列或面阵探测器作为敏感元件,线列探测器在光学焦面上垂直于飞行方向作横向排列,当飞行器向前飞行完成纵向扫描时,排列的探测器就好像刷子扫地一样扫出一条带状轨迹,从而得到目标物的二维信息。扫帚式扫描仪代表了新一代传感器的扫描方式,人造卫星上携带的扫帚式扫描仪由于没有光机扫描仪那样的机械运动部分,所以结构上可靠性高,在各种先进的传感器中均获得应用。但是由于扫帚式扫描仪使用多个感光元件把光同时转换成电信号,所以当感光元件之间存在灵敏度差时,往往产生带状噪声。线性阵列传感器多使用电荷耦合器件 CCD,被用于 SPOT 卫星上的高分辨率传感器 HRV 和日本 MOS-1 卫星上的可见光-红外辐射计 MESSR 等上。

二、遥感图像的特征

遥感图像是各种传感器所获取信息的产物，是遥感探测目标的信息载体。遥感解译人员需要通过遥感图像获取以下信息：目标地物的大小、形状及空间分布特点；目标地物的属性特点；目标地物的动态变化特点。这些特征的表现参数即为空间分辨率、光谱分辨率、辐射分辨率和时间分辨率。

（一）遥感图像的空间分辨率

空间分辨率是指遥感影像上能够识别的两个相邻地物的最小距离。对于摄影影像，通常用单位长度内包含可分辨的黑白"线对"数表示（线对/mm）；对于扫描影像，通常用瞬时视场角（IFOV）的大小来表示（mrad），即像元，是扫描影像中能够分辨的最小面积。空间分辨率数值在地面上的实际尺寸称为地面分辨率。对于摄影影像，用线对在地面的覆盖宽度表示；对于扫描影像，则是像元所对应的地面实际尺寸。如陆地卫星多波段扫描影像的空间分辨率或地面分辨率为 79 m。但具有同样数值的线对宽度和像元大小，它们的地面分辨率可能不同。对光机扫描影像而言，约需 2.8 个像元才能代表一个摄影影像上一个线对内相同的信息。空间分辨率是评价传感器性能和遥感信息的重要指标之一，也是识别地物形状、大小的重要依据。

（二）遥感图像的光谱分辨率

光谱分辨率是指传感器在接收目标辐射的光谱时能分辨的最小波长，其间隔愈小，分辨率愈高。不同光谱分辨率的传感器对同一地物的探测效果有很大区别。例如在 0.4 ~ 0.6 μm 波长，当一目标地物在波长 0.5 μm 左右有特征值时，如果将波分为 2 个波段，地物不能被分辨，如果分为 3 个波段则可能体现 0.5 μm 处的谷或峰的特征。因此，地物可以被分辨。成像光谱仪在可见光至红外波段范围内，被分割成几百个窄波段，具有很高的光谱分辨率，从其近乎连续的光谱曲线上，可以分辨出不同物体光谱特征的微小差异，有利于识别更多的目标，甚至有些矿物成分也可被分辨。此外，传感器的波段选择必须考虑目标的光谱特征值，如探测人体应选择 8 ~ 12 μm 的波长，而探测森林火灾等则应选择 3 ~ 5 μm 的波长，才能取得好效果。

（三）遥感图像的辐射分辨率

辐射分辨率指探测器的灵敏度，即传感器探测元件在接收光谱信号时能分辨的最小辐射度差，或指对两个不同辐射源的辐射量的分辨能力。辐射分辨率一般用灰度的分级数来表示，即最暗—最亮灰度值（亮度值）间分级的数目，即量化级数。它对于目标识别是一个很有意义的元素。

（四）遥感图像的时间分辨率

时间分辨率是关于遥感影像间隔时间的一项性能指标。遥感探测器按一定的时间周期重复采集数据，这一重复周期又称回归周期，它是由飞行器的轨道高度、轨道倾角、运行周期、轨道间隔、偏移系数等参数所决定的。这种重复观测的最小时间间隔称为时间分辨率。遥感的时间分辨率范围很大。以卫星遥感来说，静止气象卫星的时间分辨率为 1 次/0.5 h。时间分辨率对于动态监测尤为重要，天气预报、灾害监测等需要短周期的时间分辨率，植物、作物的长势监测需要较长周期的时间分辨率，而城市扩展等需要更长周期的时间分辨率。总之，要根据不同遥感的目的，采用不同的时间分辨率。

第五节 遥感数据的类型和存储格式

一、遥感数据的类型

根据数据源不同,常见的遥感数据分为以下几种。

(1)航空遥感数据:包括黑白航空像片、彩红外航空像片、热红外航空像片和其他航空像片等。

(2)卫星遥感数据:包括 Landsat 数据、SPOT 数据、RADARSAT 数据、ASTER 数据等。

(3)高分辨率卫星数据:主要指 IKONS、QuickBird、美国锁眼卫星的数据等。

(4)高光谱数据:包括机载高光谱数据、卫星高光谱数据。

(5)辅助数据:包括地图数据、地面调查数据、地面定位数据、数字地形数据。

二、遥感数据的存储格式

用户从遥感卫星地面站获得的数据一般为通用二进制(generic binary)数据,外加一个说明性头文件。其中,generic binary 数据主要包含 3 种数据类型:BSQ 格式、BIL 格式、BIP 格式。另外,还有其他格式,如行程编码格式、HDF 格式。

(一)BSQ 格式

BSQ 格式是按波段顺序依次排列的数据格式。数据排列遵循以下规律:第一波段位居第一,第二波段位居第二,第 n 波段位居第 n。在每个波段中,数据依据行号顺序依次排列,每一列内,数据按像素顺序排列。

(二)BIL 格式

BIL 格式是逐行按波段次序排列的数据格式。数据排列遵循以下规律:第一波段第一行第一个像素位居第一,第一波段第一行第二个像素位居第二……第一波段第一行第 n 个像素位居第 n;然后第二波段第一行第一个像素位居第 $n+1$,第二波段第一行第二个像素位居 $n+2$……其余数据排列位置依次类推。

(三)BIP 格式

BIP 格式中,每个像元按波段次序交叉排序。排序遵循以下规律:第一波段第一行第一个像素位居第一,第二波段第一行第一个像素位居第二……第 n 波段第一行第一个像素位居第 n;然后第一波段第一行第二个像素位居第 $n+1$,第二波段第一行第二个像素位居第 $n+2$……其余数据排列依次类推。

(四)行程编码格式

为了压缩数据,采用行程编码格式。该格式属波段连续方式,即对每条扫描线仅存储亮度值以及该亮度值出现的次数,如一条扫描线上有 60 个亮度值为 10 的水体,它在计算机内以 060010 整数格式存储。其含义为 60 个像元,每个像元的亮度值为 10。计算机仅存 60 和 10,要比存储 60 个 10 的存储量少得多。但是对于仅有较少相似值的混杂数据,此法并不适宜。

(五)HDF 格式

HDF 格式是一种不必转换格式就可以在不同平台间传递的新型数据格式,由美国国家高级计算应用中心(NCSA)研制,已经应用于 MODIS、MISR 等数据中。

HDF格式有6种主要数据类型:栅格图像数据、调色板(图像色谱)、科学数据集、HDF注释(信息说明数据)、Vdata(数据表)、Vgroup(相关数据组合)。HDF格式采用分层式数据管理结构,可以直接从嵌套的文件中获得各种信息。因此,打开一个HDF文件,在读取图像数据的同时可以方便地查取到其地理定位、轨道参数、图像属性、图像噪声等各种信息参数。

具体地讲,一个HDF文件包括一个头文件和一个或多个数据对象。一个数据对象由一个数据描述符和一个数据元素组成。前者包含数据元素的类型、位置、尺度等信息;后者是实际的数据资料。HDF这种数据组织方式可以实现HDF数据的自我描述。用户可以通过应用界面来处理不同的数据集。例如一套8bit图像数据集一般有3个数据对象——1个描述数据集成员,1个是图像数据本身,1个描述图像的尺寸大小。

三、遥感数据的输入格式

常见的遥感数据输入格式有原始的二进制格式(BSQ、BIP、BIL)、Landsat-5图像数据(FASTB)、SPOT-5图像数据(DIMAP)、MODIS图像数据(HDF和HDF-EOS)、IKONOS图像数据(GeoTIFF)、QuickBird图像数据、雷达数据、seawifs数据、AVHRR数据和数字高程文件数据、miscellaneous格式数据、矢量文件数据等。

四、遥感数据的输出格式

常见的遥感数据的输出格式主要有二进制输出格式(BSQ、BIP、BIL)、一般图像格式(ASCII、PICT、BMP、GIF、TIFF、HDF、JPEG等)、矢量格式(ArcView Shape File、DXF、ENVI Vector File等)、图像处理格式(ArcView Raster、ER Mapper、ERDAS、PCI)等。

习 题

1. 简述电磁波的概念及特性。
2. 大气散射类型有哪些?
3. 常见的大气窗口有哪些?
4. 简述遥感平台的概念及遥感平台的分类。
5. 简述传感器的构成。
6. 简述摄影成像的特点。
7. 简述遥感图像的特征。
8. 简述遥感数据的存储格式。

第三章　遥感图像处理基础

遥感图像表征了地物波谱辐射能量的空间分布,辐射能量的强弱与地物的某些特性有关。现代遥感技术获取的资料容纳了大量的信息,如果我们仅用传统的目视解译方法进行解译,必然造成很大的浪费。为了挖掘遥感资料的信息潜力,提高解译效果,必须用先进技术方法对原始图像进行一系列处理——图像处理,使影像更为清晰,目标物体的标志更明显突出,易于识别。图像处理虽然未增加图像的信息量,但改善了图像的视觉条件,提高了可辨性,是遥感图像分析研究的一种有效手段。

第一节　遥感数字图像基础知识

地物的光谱特性一般以图像的形式记录下来。地面反射或发射的电磁波信息经过地球大气到达遥感传感器,传感器根据地物对电磁波的反射强度以不同的亮度表示在遥感图像上。

一、数字图像和图像数字化

图像是对客观对象的一种相似的描述或写真,它包含了被描述或写真对象的信息,是人们最主要的信息源。

按图像的明暗程度和空间坐标的连续性划分,图像可分为数字图像和模拟图像(或称光学图像)。数字图像是指被计算机存储、处理和使用的图像,是一种空间坐标和灰度均不连续的、用离散数学表示的图像,它属于不可见图像。光学图像是指空间坐标和明暗程度都连续变化的、计算机无法直接处理的图像,它属于可见图像。遥感数据的表示既有光学图像,又有数字图像。

通过摄像、扫描和雷达等传感器获得的地面地理信息,记录在胶片上得到的图像,都属于遥感光学图像。要获得遥感数字图像,必须利用数字化扫描仪或数码相机等设备,把一幅光学图像送入计算机转换成遥感数字图像,即变成计算机能处理的形式,这一转换过程称为图像数字化。

图像数字化的过程就是把一幅遥感光学图像分割成一个个小区域(像元或像素),并将各小区域灰度用整数表示,主要包括采样和量化两个过程(见图 3-1)。

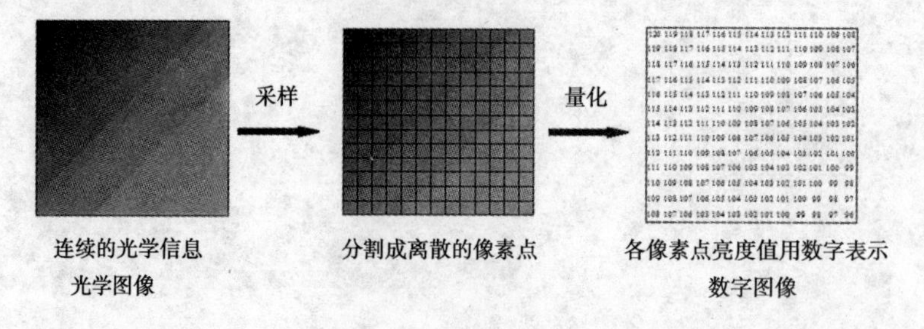

图 3-1　图像数字化过程

(一)采样

将空间上连续的图像变换成离散点的操作称为采样。采样的实质就是要用点来描述一幅图像。简单来讲,将二维空间上连续的图像在水平和垂直方向上等间距地分割成矩形网状结构,所形成的微小方格称为像素点。一幅图像是被采样成有限个像素点构成的集合。例如一幅 640×480 分辨率的图像,表示这幅图像是由 640×480=307 200 个像素点组成的。

在进行采样时,采样点间隔大小的选取很重要,它决定了采样后的图像能真实地反映原图像的程度。一般来说,原图像中的画面越复杂,色彩越丰富,则采样间隔应越小。采样间隔和采样孔径的大小关系到图像分辨率的大小。采样间隔大,所得图像分辨率低,图像质量差,数据量小;采样间隔小,所得图像分辨率高,图像质量好,但数据量大。

(二)量化

遥感模拟图像经离散采样后,可得到由 $M \times N$ 个像素点组成的图像,但其灰度(或色彩)仍是连续的,还不能用计算机处理。它们还要进一步离散并归并到一个个区间,分别用有限个整数来表示,这称为量化。一幅遥感数字图像中不同灰度值的个数称灰度级,用 G 表示。若一幅数字图像的量化灰度级数 $G=2^8$ 级,灰度取值范围一般是 0~256 的整数。由于用 8 bit 就能表示灰度图像像素的灰度值,因此常常把 bit 量化。彩色图像可采用 24 bit 量化,分别分给红、绿、蓝三原色 8 bit,每个颜色层面数据为 0~255 级。像素灰度级只有 2^1 级的图像称为二值图像。通常取 0 为白色,1 为黑色。遥感模拟图像数字化前需要决定影像大小(行数 M、列数 N)和灰度级的取值。

图像数字化过程如图 3-1 所示。

二、遥感数字图像的概念

遥感数字图像是指用数字形式表述的遥感影像,以二维数组来表示。在数组中,每个元素代表一个像素,像素的坐标位置隐含,由这个元素在数组中的行列位置所决定。遥感数字图像像素的属性特征常用亮度值来表示,在不同图像(不同波段、不同时期、不同种类的图像)上,相同地点的亮度值可能是不同的,这是因为地物反射或发射电磁波的不同和大气电磁辐射的影响。

像素的空间位置用离散的 X 值和 Y 值表示。一幅遥感图像可以表示为一个矩阵,如 X 方向有 N 个像素(样点),Y 方向有 M 个像素(样点),Z 方向为像素点的灰度值(见图 3-2)。

三、遥感数字图像的基本特点与类型

(一)遥感数字图像的基本特点

(1)便于计算机处理与分析。计算机是以二进制方式处理各种数据的,采用数字形式表示遥感图像,便于计算机处理。因此,与光学图像处理方式相比,遥感数字图像是一种适用于计算机处理的图像表示方式。

(2)图像信息损失低。由于遥感图像是用二进制表示的,因此在获取、传输和分发过程中,不会因长期存储而损失信息,也不会因多次传输和复制而产生图像失真。而模拟方法表

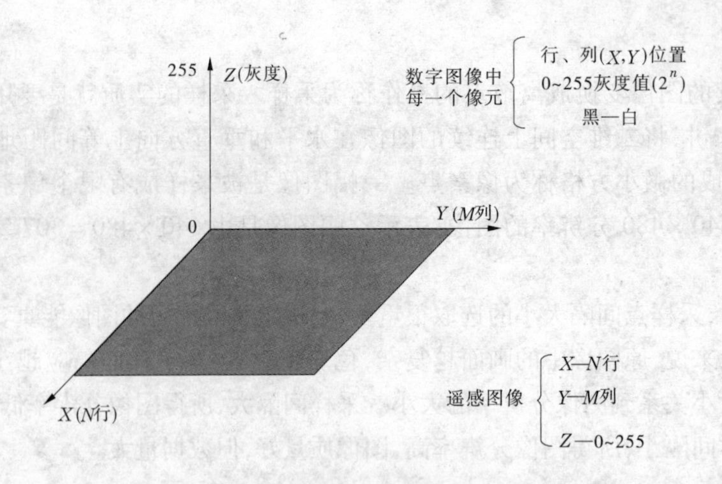

图 3-2 遥感数字图像

现的遥感图像会因多次复制而使图像质量下降。

(3)图像抽象性强。尽管不同类别的遥感数字图像有不同的视觉效果,对应不同的物理背景,但由于它们都采用了数字形式表示,因此便于建立分析模型、进行计算机解译和运用遥感图像专家处理系统。

(4)图像保存方便。遥感数字图像一般存储在计算机上,也可用计算机兼用磁带、磁盘、光盘存储,存储形式多样,保存、携带方便,还可利用网络技术发送至各地,供有关单位使用。

(二)遥感数字图像的类型

遥感数字图像以二维数组表示,元素的值表示传感器探测到像素对应地面面积上目标的电磁辐射强度。

(1)遥感数字图像按灰度值可分为二值数字图像和多值数字图像两个类型。

二值数字图像:图像中的每个像素灰度由 0 或 1 构成,在计算机屏幕上表示为黑白图像。

多值数字图像:图像中每个像素灰度由 0 ~ 15 或 0 ~ 31 或 0 ~ 63 或 0 ~ 255 构成。0 表示黑,15 或 31 或 63 或 255 等表示白,其他值居中渐变。

(2)遥感数字图像按波段数可分为单波段数字图像、彩色数字图像或多波段数字图像。

单波段数字图像是指在某一波段范围内工作的传感器获得的遥感数字图像。例如,SPOT 卫星提供的 10 m 分辨率全色波段图像,每景图像为 6 000 行 ×6 000 列的数组,每个像素采用 1 字节记录地物灰度值。图像显示为黑白或某一种颜色。

彩色数字图像是由红、绿、蓝三个数字层构成的图像。在每个数字层中,每个像素采用 1 字节记录地物灰度值,数值范围一般介于 0 ~ 255,每个数字层的行、列数取决于图像尺寸和数字化过程采用的光学分辨率。三层数据共同显示即为彩色数字图像。

多波段数字图像是指利用多波段传感器对同一地区、同一时间获得的不同波段范围的数字图像。例如,陆地卫星提供的 MSS 图像包含 4 个波段的数据,提供的 TM 图像包含 7 个波段的数据。又如利用高光谱成像光谱仪获得的图像,包含 200 以上波段的数据。

第二节　遥感数字图像处理

一、遥感数字图像处理的过程

遥感数字图像处理涉及数据的来源、数据的处理以及数据的输出应用。处理的基本流程如图 3-3 所示。

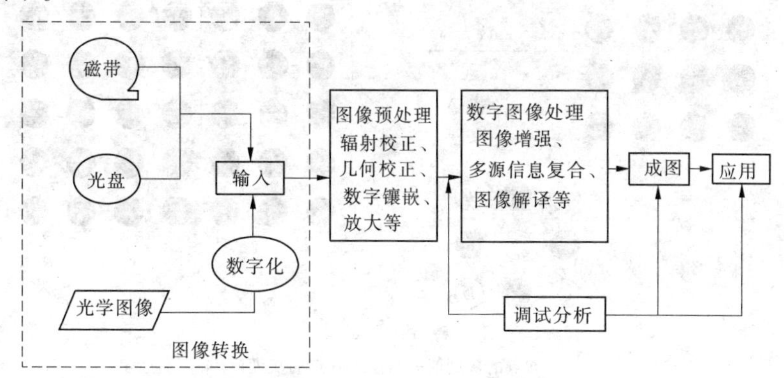

图 3-3　遥感数字图像处理基本流程

(一)图像转换

在遥感图像使用过程中,有时需要把光学图像变成数字图像送到计算机进行处理,有时又需要把计算机处理后的数字图像转变成光学图像,并输出为硬拷贝。我们把这种工作称为图像转换。

把光学图像转换为数字图像称为模/数转换,记为 A/D 转换。把数字图像转换成光学图像称为数/模转换,记为 D/A 转换。

(二)图像预处理

遥感数字图像的预处理,主要包括辐射校正、几何校正、数字镶嵌和放大等。

(1)辐射校正:校正因大气的影响和因传感器本身影响而产生的辐射误差称辐射校正。进入传感器的电磁辐射强度反映在遥感数字图像上就是亮度值。辐射强度越大,亮度值越大。该值与地物的反射率保持一定的对应关系,但因受大气辐射的影响,受传感器本身产生辐射误差的影响,这种对应关系发生了改变,这一改变部分就是需要校正的部分。

由仪器本身产生的辐射误差,导致了接收图像不均匀,产生条纹和噪声,一般来说,应该由图像生产单位根据传感器参数进行校正,而不需要用户自己校正。由大气辐射影响产生的辐射误差,一般来说,应由用户根据使用图像的目的并根据具体情况采用适当的方法予以校正。

(2)几何校正:在成像过程中受到遥感平台的纬度、高度、速度的变化,以及全景畸变、地球曲率、大气反射、地形的高低以及传感器在扫描中的非线性特征等多种因素的影响,当遥感数字图像在几何位置上发生了变化,产生诸如行列不均匀、像元大小与地面大小对应不准确、地物形状不规则变化时,即说明遥感数字图像发生了几何畸变。校正几何畸变的工作称为几何校正,或称几何纠正。

(3)数字镶嵌和放大:将相邻且互有重叠的两幅或多幅遥感图像,拼接生成一个在几何形态和色调分布上协调一致的新图像,称为数字镶嵌。数字放大是对数字图像的采样点内插加密,即逐行逐列地在原图像的相邻像元间等量插入新像元,并按一定的插值原理赋予亮度值(见图3-4)。

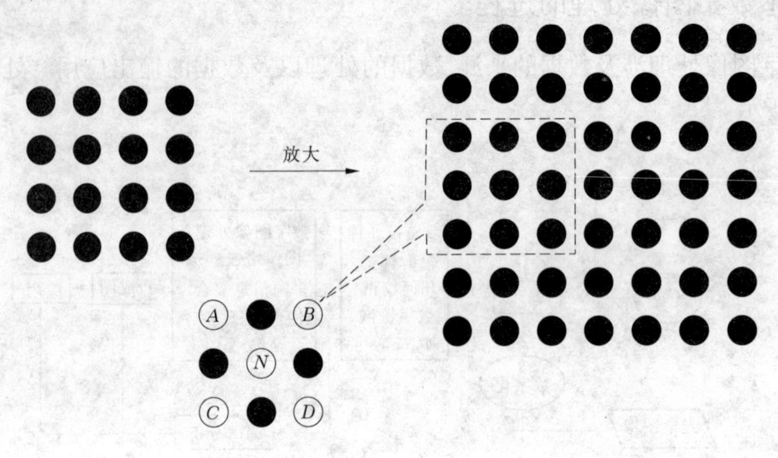

N点的灰度值=(A+B+C+D点的灰度值)/4

图3-4　数字图像放大示意图

(三)数字图像处理

1. 图像增强

采用一系列技术改善图像的视觉效果,提高图像的清晰度、对比度,突出所需信息的工作称为图像增强。图像增强处理不是以图像保真度为原则,而是设法有选择地突出便于人或机器分析某些感兴趣的信息,抑制一些无用的信息,以提高图像的使用价值。

到目前为止,遥感数字图像增强还缺乏统一的理论,增强处理方法的选择只靠人的主观感觉、图像的质量和增强欲达到的目的来确定。较为简单的数字图像增强处理的方法有对比度增强、空间滤波、彩色变换、图像运算和多光谱变换等。

2. 多源信息复合

从广义的遥感数字图像处理角度来看,多源信息复合可列入图像处理范畴。多源信息复合是指将多种遥感平台、多时相遥感数据之间以及遥感数据与非遥感数据之间的信息组合匹配的技术。复合后的遥感图像数据将更有利于综合分析,提高了遥感数据的可应用性,同时也为进一步应用地理信息系统技术打下基础。

多源信息复合可分为遥感信息复合和遥感与非遥感信息复合。在图像处理中采用何种形式的信息复合,要根据使用遥感数字图像的目的和工作任务来确定。

3. 图像解译

从广义的遥感数字图像处理来讲,计算机解译处理也属于图像处理范畴。因为在实施图像计算机解译工作中,要综合运用地学分析、遥感图像处理、地理信息系统、模拟识别与人工智能技术,这些技术的运用都应在计算机系统支持下进行,采取了相应的遥感数字图像的处理方法。显而易见,遥感数字图像的计算机解译成果是图像处理具体应用的结果。

二、遥感数字图像处理的特点

遥感数字图像处理的主要目的是在计算机上实现生物，特别是人类所具有的视觉信息处理和加工功能，处理的实质是从遥感数字图像中提取所需的信息资料。同遥感图像的光学处理（即模拟图像处理）相比，遥感数字图像的计算机处理有很多优点，主要表现在以下几点。

（一）图像信息损失低，处理的精度高

由于数字遥感图像是用二进制表示的，在图像处理时，其数据存储在计算机数据库中，不会因长期存储而损失信息，也不会因处理而损失原有信息。而在模拟处理中，要想保持处理的精度，需要有良好的设备、装备，否则将会使信息受到损失或降低精度。

（二）抽象性强，再现性好

不同类型的遥感数字图像有不同的视觉效果，对应不同的物理背景，由于它们都采用数字表示，在遥感图像处理中，便于建立分析模型，运用计算机容易处理的形式表示。在传送和复制图像时，只在计算机内部进行处理，这样数据就不会丢失和损失，保持了完好的再现性。但在模拟图像处理中，因为外部条件（温度、照度、人的技术水平和操作水平等）的干扰或仪器设备的缺陷或故障而无法保证图像的再现性。

（三）通用性广，灵活性高

遥感数字图像处理方法既适用于数字图像，又适用于用数字传感器直接获得的紫外、红外、微波等不可见光图像。同时，用计算机进行遥感图像处理，可作各种运算，迅速地更换各种方法或参数，得到效果较好的图像。具体表现在四个方面：①提高了地面的分辨率；②增强了地物的识别能力；③增强了地物的表面特征；④可进行自动分类和对比。

（四）有利于长期保存，反复使用

经计算机处理的遥感图像，可以存储于计算机硬盘或光盘上，建立遥感数字图像处理数据库，进行大量复制，便于长期保存、重复使用。

第三节　遥感数字图像处理系统

一、遥感数字图像处理系统

一个完整的遥感数字图像处理系统应包括硬件和软件两大部分。硬件是指进行遥感数字图像处理所必须具备的计算机，并配有必要的输入、存储、显示、输出等外围设备。软件是指进行遥感数字图像处理时所编制的各种程序。一整套图像处理程序构成图像处理的软件系统，该系统运行于特定的操作系统之上。

（一）遥感数字图像处理的硬件系统

遥感数字图像处理的硬件系统主要由以下几部分构成：输入设备、输出设备、电子计算机、存储设备以及系统操作台。随着计算机硬件的快速发展，有些原来作为独立的硬件设备现在也变成了电子计算机的一个构成部分，所以硬件系统的划分界限也变得模糊起来。图 3-5显示了遥感数字图像处理系统的主要部件，它主要由四部分组成：数字化器、大容量存储器、显示器和输出设备及操作平台等。

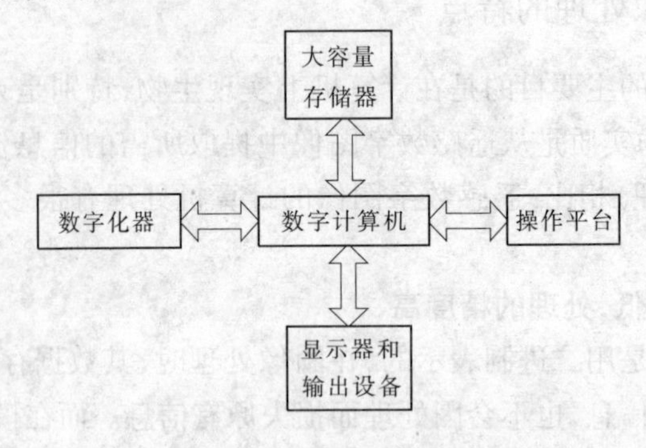

图 3-5 遥感数字图像处理系统的主要部件

(二)遥感数字图像处理的软件系统

遥感数字图像处理的软件系统是由许多图像处理控制程序、管理程序和图像处理算法程序组成的。前者称为图像处理操作系统软件,后者称为图像处理应用软件。

遥感数字图像处理软件应具备功能齐全、适用性强、灵活方便的特点,应具有人机对话功能,要面向生产、科研,解决实际应用问题。因此,遥感数字图像处理软件的功能应包括:①数据的存取和删除;②存储数据量大;③辐射校正与辐射转换;④几何校正和几何变换;⑤图像增强;⑥数据压缩;⑦统计分析和集群分析;⑧监督分类和非监督分类;⑨分类后处理与评论;⑩特征提取;⑪成果输出及其他。

为了面向用户,遥感数字图像处理软件将各种处理的任务列成目录。各种任务还附有使用说明。每个任务中以菜单形式显示处理项目,供操作员选用。每个处理阶段均以人机对话方式供操作员输入处理参数。这样能最大限度地满足处理者的要求,并且能进行重复处理。

各种遥感图像处理软件的功能有比较大的区别,但是都包含一些基本的、常用的功能。不同之处在于,不同的系统实现方式各异,功能也不相同。一些大型的软件系统,如 PCI、ERMapper、ERDAS 等,不仅能完成各种通常的遥感处理,还提供与 GIS 的集成、与数字摄影测量系统的集成,功能非常强大。

(三)遥感图像处理系统与 GIS 和 GPS 的集成

遥感技术通过不同遥感传感器来获取地物数据,然后进行处理、分析,最后获得感兴趣地物的有关信息,并且随着遥感技术的发展,这种技术所能获得的信息越来越丰富。GIS 的优点在于对数据进行分析。如果将两者集成起来,一方面,遥感能帮助 GIS 解决数据获取和更新的问题;另一方面,可以利用 GIS 中的数据帮助进行遥感图像处理。由于 GPS 在实时定位方面的优势,GPS 与遥感图像处理系统的集成变得很自然。不管是地理信息系统,还是遥感图像处理系统,处理的都是带坐标的数据,而 GPS 是当前获取坐标最快、最方便的方式之一,同时精度也越来越高。“3S”集成,即遥感图像处理系统(RS)、地理信息系统(GIS)和全球定位系统(GPS)的集成可谓是水到渠成的事。

“3S”的两两结合,即 GPS 与 RS 结合、GPS 与 GIS 结合和 RS 与 GIS 结合,其中 RS 与 GIS 结合是核心。

(1)GPS 与 RS 结合的关键在硬件,即 GPS 与 RS 传感器的结合。两者的结合能够实现在无控制点的情况下空对地的直接定位。

(2)GPS 与 GIS 结合的关键在软件。GPS 作为 GIS 的数据源,用于寻找目标,帮助 GIS 定位以及数据的更新。两者的集成可利用地面与空间的 GPS 数据进行载波相位差分测量,以满足 GIS 不同比例尺数据库的要求。两者集成的成功应用是车辆导航与监控。

(3)RS 与 GIS 结合。RS 与 GIS 的结合有 3 种方式:第一种是分开但平行的结合。这种结合方式的系统有不同的用户界面、工具库和数据库。RS 数据为栅格数据,其几何信息(定位信息)为行、列数,而属性信息(定性信息)为灰度值,GIS 数据多为矢量数据,可实现矢 - 栅转换,因此 RS 与 GIS 的结合实质是数据转换、传输、配准。为了便于管理,在具体实施中有两种结构,一种是 GIS 为 RS 的一个子系统,另一种是 RS 为 GIS 的子系统,这种结构更易实现。因为在 GIS 中增加栅格数据处理功能比在 RS 中增加矢量数据处理、分析及数据库管理功能更容易一些,逻辑上也更为合理。第二种为表面无缝的结合。这种结合方式的系统有同一用户界面、不同的工具库和数据库。这种类型的软件系统比较多。以上两种方式的结合都需要建立一种标准的空间数据交换格式作为 RS 与 GIS 之间、各种 GIS 之间、GIS 与电子地图之间的数据交换格式和标准。第三种为整体的结合。这种结合方式的系统有同一用户界面、工具库和数据库,即将 GIS 与 RS 真正集成起来,形成数据结构和物理结构均为一体化的系统。这是 RS 与 GIS 结合的理想方式。

二、几种遥感数字图像处理系统介绍

(一)ERDAS IMAGINE 遥感图像处理系统

ERDAS IMAGINE 是美国 ERDAS 公司开发的遥感图像处理系统,它以先进的图像处理技术,友好、灵活的用户界面和操作方式,面向广阔应用领域的产品模块,服务于不同层次用户的模型开发工具以及高度的 RS 和 GIS 集成功能,为遥感及相关应用领域的用户提供了内容丰富且功能强大的图像处理工具,代表了遥感图像处理系统未来的发展趋势。

ERDAS IMAGINE 模块化与面向对象的功能划分,为广大用户按不同需要、不同预算来选择相应的产品提供了最大的可能。核心模块除本级特有的功能外,高一级还包括所有低一级模块的所有功能。

ERDAS IMAGINE 是以模块化的方式提供给用户的,可使用户根据自己的应用要求、资金情况合理地选择不同的模块及其不同组合,对系统进行剪裁,充分利用软硬件资源,并最大限度地满足用户的专业应用要求。

(二)ENVI 遥感图像处理系统

ENVI 是一套功能齐全的遥感图像处理系统,是处理、分析并显示多光谱数据、高光谱数据和雷达数据的高级工具。

ENVI 包含齐全的遥感影像处理功能,包括常规处理、几何校正、定标、多光谱分析、高光谱分析、雷达分析、地形地貌分析、矢量应用、神经网络分析、区域分析、GPS 连接、正射影像图生成、三维景观生成、制图、数据输入和输出等,这些功能连同丰富的可供二次开发调用的函数库,组成了图像处理软件中非常全面的系统。

ENVI 对要处理的图像波段数没有限制,可以处理最先进的卫星格式,如 Landsat - 7、IKONOS、SPOT、RADARSAT、NASA、NOAA、EROS 和 TERRA,并准备接受未来传感器的信息。

(三)Geomatica 综合遥感影像分析系统

该系统是加拿大 PCI 公司开发的用于图像处理、几何制图、GIS、雷达数据分析及资源管理和环境监测的多功能软件系统。它拥有相当齐全的功能模块,包括 400 多个软件包,组成了一个非常全面的遥感图像处理系统。它的应用领域非常广泛,而且随着图像处理技术的日益成熟和发展,其应用领域还在不断地拓宽。

(四)全数字摄影测量系统

全数字摄影测量系统的任务是利用数字影像完成摄影测量作业。它的主要功能有影像处理、单像量测、多像量测、摄影量测解算、等值线自动绘制、生成数字地面模型(DTM)与正射影像图、机助量测与解译、交互编辑等。

目前,比较著名的全数字摄影测量系统有四维公司的 JX－4、适普公司的 Virtuo－Zo、莱卡公司经销的 Helava 等。

第四节 遥感数字图像处理软件简介

目前,大容量、高速度的计算机与功能强大的专业图像处理软件相结合已成为图像处理与分析的主流。国外常用的 ERDAS IMAGINE、ENVI、ER－MAPPER 及国内的 GEOIMAGE 等商业软件已为广大用户所熟知。在本章中,将对 ERDAS IMAGINE 遥感图像处理软件作简要介绍。

一、ERDAS IMAGINE 遥感图像处理软件

ERDAS IMAGINE 是美国 ERDAS 公司开发的遥感图像处理系统,它代表了遥感图像处理系统未来的发展趋势。

启动 ERDAS IMAGINE 以后,用户首先看到的就是 ERDAS IMAGINE 的图标面板,包括菜单条和工具条两部分,其中提供了启动 ERDAS IMAGINE 软件模块的全部菜单和图标:

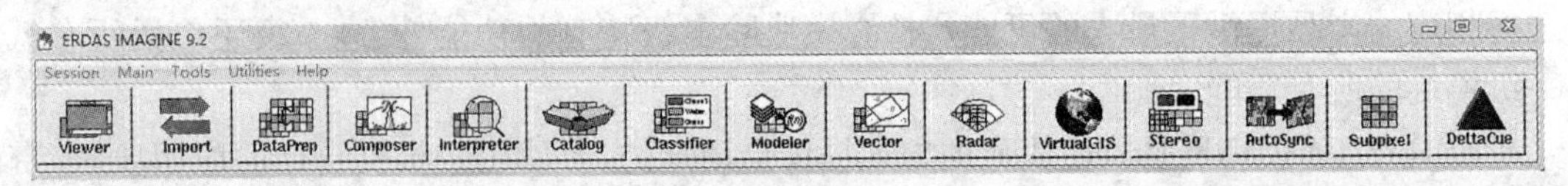

(一)菜单命令及其功能

ERDAS IMAGINE 图标面板菜单中包括 5 项下拉菜单,每个菜单由一系列命令或选择项组成,其主要功能见表 3-1。

表 3-1 ERDAS IMAGINE 图标面板菜单主要功能

菜单命令	菜单功能
综合菜单(Session Menu)	启动系统设置、面板布局、日志管理、命令工具、批处理过程、实用功能、联机帮助等
主菜单(Main Menu)	启动图标面板中包括的所有功能模块
工具菜单(Tool Menu)	完成文本编辑、矢量及栅格属性编辑、图形图像文件坐标变换、注记及字体管理、三维动画制作

续表 3-1

菜单命令	菜单功能
实用菜单(Utility Menu)	完成多种栅格数据格式设置与转换、图像的比较
帮助菜单(Help Menu)	启动关于图标面板的联机帮助、ERDAS IMAGINE 联机文档查看、动态链接库浏览等

(二)工具图标及其功能

与 ERDAS IMAGINE 对应的图标面板工具条中的图标有 15 个,其主要功能见表 3-2。

表 3-2　ERDAS IMAGINE 图标面板工具条主要功能

图标	命令	功能	图标	命令	功能
Viewer	Start IMAGINE Viewer	视窗功能	Vector	Vector	矢量模块
Import	Import/Export	输入输出模块	Radar	Radar	雷达模块
DataPrep	Data Preparation	数据预处理模块	VirtualGIS	Virtual GIS	虚拟 GIS 模块
Composer	Map Composer	专题制图模块	Stereo	Stereo Analyst	三维立体分析模块
Interpreter	Image Interpreter	图像解译模块	AutoSync	IMAGINE AutoSync	影像自动配准模块
Catalog	Image Catalog	影像数据库模块	Subpixel	Subpixel Classifier	子像元分类模块
Classifier	Image Classification	图像分类模块	DeltaCue	DeltaCue	智能变化检测模块
Modeler	Spatial Modeler	空间建模模块			

二、ERDAS IMAGINE 主要功能简介

点击功能图标按钮,即可启动相应的功能模块。下面介绍工具条各主要功能图标的内容,即点击图标按钮后弹出的菜单包括的各个命令。

(一)视窗功能

视窗是在屏幕上打开的一个显示窗口,用来显示和浏览图像、矢量图形,注记文件、AOI(感兴趣区域)等数据层。每次启动 ERDAS IMAGINE 时,系统都会自动打开一个视窗,每次点击视窗功能按钮,就有一个视窗出现。可以在视窗内对图像进行各种处理操作(见图 3-6)。

图 3-6 Viewer 视窗

(二)输入输出模块

启动输入输出模块,弹出如图 3-7 所示的对话框。

此模块允许用户输入栅格和矢量数据到 ERDAS IMAGINE 中,并输出文件。在这个对话框的下拉列表中完整地列出了 ERDAS IMAGINE 支持的各种输入输出格式。

(三)数据预处理模块

启动数据预处理模块,弹出数据预处理菜单条,其功能见表 3-3。

表 3-3 数据预处理模块主要功能

命令	功能	命令	功能
Creat New Image	生成新图像	Mosaic Image	图像镶嵌
Creat Surface	表面生成	Unsupervised Classification	非监督分类
Subset Image	图像裁剪	Reproject Image	投影变换
Image Geometric Correction	图像几何校正		

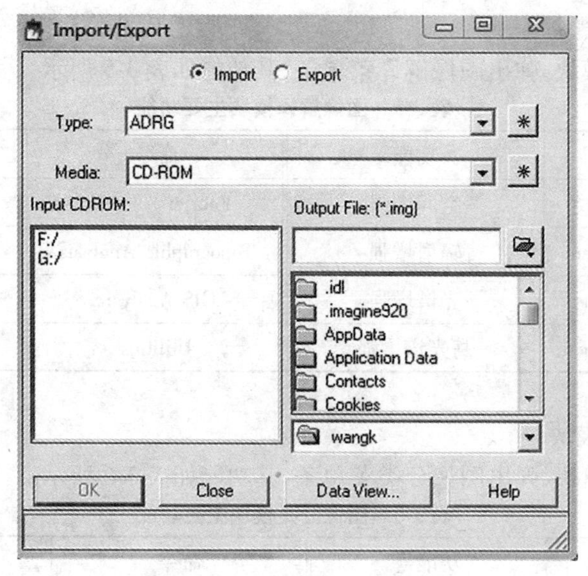

图 3-7 “Import/Export”对话框

(四)专题制图模块

启动专题制图模块,弹出专题制图菜单条,其功能如表 3-4 所示。

表 3-4 专题制图模块主要功能

命令	功能	命令	功能
New Map Composition	制作新的地图文件	Edit Composition paths	编辑地图文件路径
Open Map Composition	打开地图文件	Map Series Tool	系列地图工具
Print Map Composition	打印地图文件	Map Database Tool	地图数据库工具

(五)影像数据库模块

启动影像数据库模块,弹出影像数据库视窗(如图 3-8 所示)。

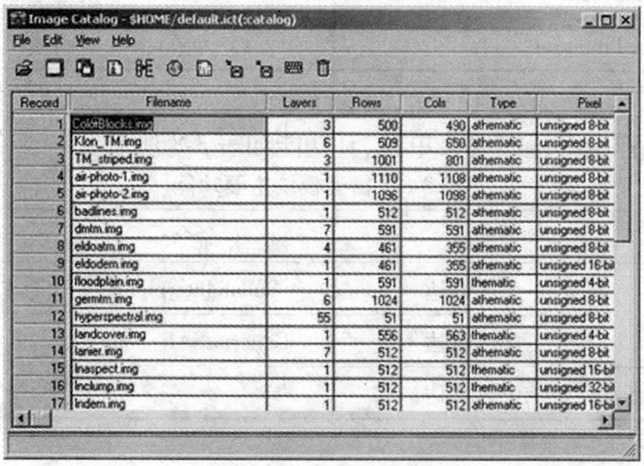

图 3-8 影像数据库视窗

（六）图像解译模块

启动图像解译模块，弹出图像解译菜单条，其功能如表 3-5 所示。

表 3-5　图像解译模块主要功能

命令	功能	命令	功能
Spatial Enhancement	空间增强	Fourier Analysis	傅里叶分析
Radiometric Enhancement	辐射增强	Topographic Analysis	地形分析
Spectral Enhancement	光谱增强	GIS Analysis	GIS 分析
Hyperspectral Enhancement	高光谱增强	Utilities	实用功能

（七）图像分类模块

启动图像分类模块，弹出图像分类菜单条，其功能如表 3-6 所示。

表 3-6　图像分类模块主要功能

命令	功能	命令	功能
Signature Editor	模板编辑器	Accuracy Assessment	精度评价
Unsupervised Classification	非监督分类	Feature Space Image	特征空间图像
Supervised Classification	监督分类	Feature Space Thematic	特征空间专题图像
Threshold	阈值	Knowledge Classifier	专家分类器
Fuzzy Convolution	模糊卷积	Knowledge Engineer	知识工程师

（八）空间建模模块

启动空间建模模块，弹出空间建模菜单条，其功能如表 3-7 所示。

表 3-7　空间建模模块主要功能

命令	功能
Model Maker	模型生成器
Model Librarian	空间模型库

（九）雷达模块

启动雷达模块，弹出雷达模块菜单条，其功能如表 3-8 所示。

表 3-8　雷达模块主要功能

命令	功能	命令	功能
IFSAR	干涉雷达	Radar Interpreter	雷达解译
Stereo SAR	立体雷达	Generic SAR Node	一般 SAR 节点边界
Ortho Radar	正射雷达		

（十）矢量模块

启动矢量模块，弹出矢量模块菜单条，其功能如表 3-9 所示。

表 3-9　矢量模块主要功能

命令	功能	命令	功能
Clean Vector Layer	清除矢量图层	Mosaic Vector Layer	镶嵌矢量图层
Build Vector Layer	建立矢量图层	Transform Vector Layer	转换矢量图层
Copy Vector Layer	复制矢量图层	Create Polygon Label	多边形图层 自动生成 label 点
External Vector Layer	外部矢量图层	Raster to Vector	栅格 - 矢量转换
Rename Vector Layer	重命名矢量图层	Vector to Raster	矢量 - 栅格转换
Delete Vector Layer	删除矢量图层	Start Table Tool	编辑 info 属性表工具
Display Vector Layer	显示矢量图层	Zonal Attributes	区域属性
Subset Vector Layer	裁减矢量图层	ASCII to Point Vector Layer	由 ASCII 文本生成点图层

(十一)虚拟 GIS 模块

启动虚拟 GIS 模块,弹出虚拟 GIS 模块菜单条,其功能如表 3-10 所示。

表 3-10　虚拟模块主要功能

命令	功能	命令	功能
Virtual GIS View	虚拟 GIS 视窗	Create Movie	三维动画制作
Virtual World Editor	虚拟世界编辑器	Create Viewshed Layer	空间视域分析

(十二)三维立体分析模块

启动三维立体分析模块,弹出三维立体分析模块菜单条,其功能如表 3-11 所示。

表 3-11　三维立体分析模块主要功能

命令	功能	命令	功能
Stereo Analyst	三维立体分析	Texel Mapper	纹理映射器
Auto - Texturize from Block	自动纹理分析	Export 3D shapefile to KML	输出 shp 到 KML

(十三)图像自动匹配模块

启动图像自动匹配模块,弹出图像自动匹配模块菜单条,其功能如表 3-12 所示。

表 3-12　图像自动匹配模块主要功能

命令	功能	命令	功能
Georeferencing Wizard	地理参考配准向导	Open AutoSync Project	打开自动配准工程
Edge Matching Wizard	边缘配准向导	AutoSync Workstation	自动配准工作站

(十四)子像元分类模块

启动子像元分类模块,弹出子像元分类模块菜单条,其功能如表 3-13 所示。

表 3-13　图像自动匹配模块主要功能

命令	功能	命令	功能
Preprocessing	图像预处理模块	Signature Combiner	特征组合模块
Environment Correction	环境校正模块	MOI Classification	感兴趣物质分类模块
Signature Derivation	分类特征提取模块	Utilities	实用工具模块

(十五)智能变化检测模块

启动智能变化检测模块,弹出智能变化检测模块菜单条,其功能如表 3-14 所示。

表 3-14　智能变化检测模块主要功能

命令	功能	命令	功能
Wizard Mode	智能变换监测向导模式	Site Monitoring	场地监测
Change Display	变化图像显示		

习　题

1. 什么是遥感数字图像? 遥感模拟图像与遥感数字图像有什么区别? 为什么在计算机屏幕上显示数字图像时,常常感觉不出它与模拟图像的区别?

2. 说明遥感图像数字化的过程。

3. 什么是遥感数字图像处理? 它包括哪些内容?

第四章 遥感图像预处理

第一节 图像校正

遥感成像过程受多种因素影响，导致遥感图像质量衰减。遥感图像数据的校正处理就是消除遥感图像因辐射度失真、大气消光和几何畸变等造成的图像质量的衰减。遥感图像质量衰减产生的原因和作用结果都不相同，因此一般采用不同的校正处理方法。

一、几何校正

（一）影响图像几何畸变的因素

校正遥感图像成像过程中所造成的各种几何畸变称为几何校正。影响图像几何畸变的因素主要包括：

（1）遥感平台位置和运动状态变化引起的畸变。无论是飞机还是卫星，运动过程中都会由于种种原因产生飞行姿势的变化（如航高、航速、仰俯、翻滚、偏航等），从而引起图像变形。

（2）地形起伏引起的几何畸变。当地形存在起伏时，会产生局部像点的位移，使原本应是地面点的信号被同一位置上某一高点的信号所代替。由于高差，实际像点距像幅中心的距离相对于理想像点距像幅中心的距离移动了一点。

（3）地球表面曲率引起的几何畸变。地球是椭球体，因此其表面是曲面，这一曲面的影响主要体现在两个方面，一是像点位置的移动，二是像点对应于地面宽度不等。当扫描角较大时，影响尤为突出，造成边缘景物在图像显示时被压缩。

（4）大气折射引起的几何畸变。大气对电磁辐射的传播产生折射。由于大气的密度分布从下向上越来越小，折射率不断变化，因此折射后的辐射传播不再是直线，而是一条曲线，从而导致传感器接收的像点发生位移。

（5）地球自转引起的几何畸变。卫星前进过程中，传感器对地面扫描获取影像时，地球自转影响较大，会产生影像偏离。多数卫星在轨道运行的降段（从北到南）接收图像，即卫星自北向南运动，这时地球自西向东自转。相对运动的结果，使卫星的星下位置逐渐产生偏离。

几何校正前后的图像如图 4-1 所示。

（二）几何校正的原理与方法

遥感图像的几何校正包括两个层次，第一是遥感图像的几何粗校正，第二是遥感图像的几何精校正。一般地面站提供的遥感图像数据都经过几何粗校正，因此这里主要介绍一种通用的几何精校正方法。遥感图像的几何精校正是指消除图像中的几何变形，产生一幅符合某种地图投影或图形表达要求的新图像的过程。它包括两个环节：一是像素坐标的变换，即将图像坐标转变为地图或地面坐标；二是对坐标变换后的像素亮度值进行重采样。遥感

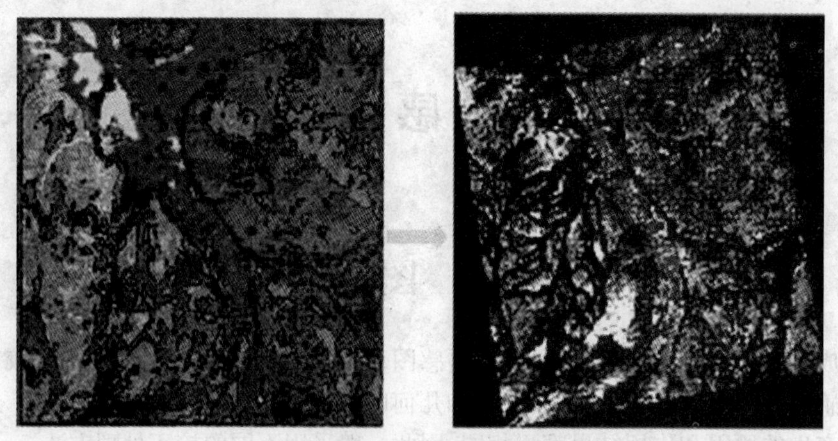

图 4-1　几何校正前后的图像

图像几何校正(纠正)处理过程主要是:①根据图像的成像方式确定影像坐标和地面坐标之间的数学模型;②根据所采用的数字模型确定纠正公式;③根据地面控制点和对应像点坐标进行平差计算,得到变换参数,评定精度;④对原始影像进行几何变换计算、像素亮度值重采样。几何校正的处理过程框图如图 4-2 所示。

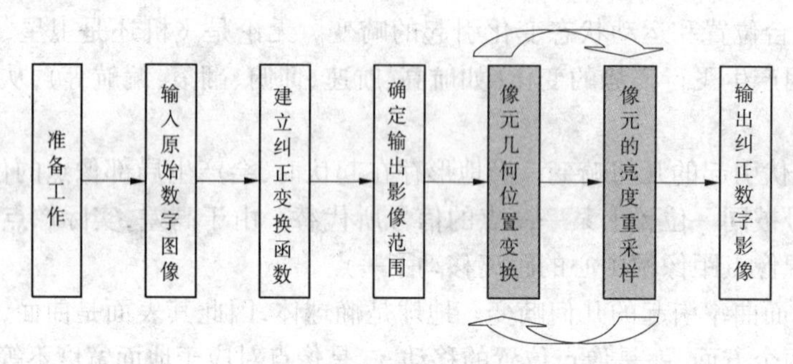

图 4-2　几何校正的处理过程框图

1. 建立纠正变换函数

目前的纠正方法有多项式法、共线方程法和随机场插值法等,这里主要介绍多项式法。

多项式纠正回避成像的空间几何过程,直接对图像变形的本身进行数字模拟。遥感图像的几何变形由多种因素引起,其变化规律十分复杂,难以用一个严格的数字表达式来描述,而是用一个适当的多项式来描述纠正前后图像相应点之间的坐标关系。本法对各种类型传感器图像的纠正都是适用的。利用地面控制点的图像坐标和其同名点的地面坐标根据平差原理计算多项式中的系数,然后用该多项式对图像进行纠正。常用的多项式有一般多项式、勒让德多项式以及双变量分区插值多项式等。

一般多项式纠正变换公式为

$$\left.\begin{aligned} x &= a_0 + (a_1X + a_2Y) + (a_3X^2 + a_4XY + a_5Y^2) + \\ &\quad (a_6X^3 + a_7X^2Y + a_8XY^2 + a_9Y^3) + \cdots \\ y &= b_0 + (b_1X + b_2Y) + (b_3X^2 + b_4XY + b_5Y^2) + \\ &\quad (b_6X^3 + b_7X^2Y + b_8XY^2 + b_9Y^3) + \cdots \end{aligned}\right\} \tag{4-1}$$

式中　x,y——某像素原始图像坐标；

　　X,Y——同名像素的地面(或地图)坐标。

多项式的项数(即系数个数)N与其阶数n有着固定的关系:$N=(n+1)(n+2)/2$,多项式系数$a_i,b_j(i,j=0,1,2,\cdots,N-1)$一般由两种办法求得:一是用可预测的图像变形参数构成;二是利用已知控制点的坐标值按最小二乘法原理求解。

根据纠正图像要求的不同选用不同的阶数。当选用一次项纠正时,可以纠正图像因平移、旋转、比例尺变化和仿射变形等引起的线性变形;当选用二次项纠正时,则在改正一次项各种变形的基础上,还改正二次非线性变形;当选用三次项纠正时,则改正更高次的非线性变形。多项式系数求解过程如下。

(1)列误差方程式

$$\left.\begin{aligned} V_x &= A\Delta_a - L_x \\ V_y &= A\Delta_b - L_y \end{aligned}\right\} \tag{4-2}$$

系数矩阵为

$$A=\begin{bmatrix} 1 & X_1 & Y_1 & X_1Y_1 & \cdots \\ \vdots & \vdots & \vdots & \vdots & \vdots \\ 1 & X_m & Y_m & X_mY_m & \cdots \end{bmatrix} \tag{4-3}$$

所求变换系数为

$$\begin{aligned} \Delta_a &= [a_0 \quad a_1 \quad a_2 \quad \cdots] \\ \Delta_b &= [b_0 \quad b_1 \quad b_2 \quad \cdots] \end{aligned} \tag{4-4}$$

像点坐标为

$$\begin{aligned} L_x &= [x_0 \quad x_1 \quad x_2 \quad \cdots] \\ L_y &= [y_0 \quad y_1 \quad y_2 \quad \cdots] \end{aligned} \tag{4-5}$$

(2)构成法方程式

$$\left.\begin{aligned} (A^{\mathrm{T}}A)\Delta_a &= A^{\mathrm{T}}L_x \\ (A^{\mathrm{T}}A)\Delta_b &= A^{\mathrm{T}}L_y \end{aligned}\right\} \tag{4-6}$$

(3)计算多项式系数

$$\left.\begin{aligned} \Delta_a &= (A^{\mathrm{T}}A)^{-1}A^{\mathrm{T}}L_x \\ \Delta_b &= (A^{\mathrm{T}}A)^{-1}A^{\mathrm{T}}L_y \end{aligned}\right\} \tag{4-7}$$

(4)精度评定

$$\left.\begin{aligned} \delta_x &= \pm\left(\frac{V_x^{\mathrm{T}}V_x}{n-N}\right)^{1/2} \\ \delta_y &= \pm\left(\frac{V_y^{\mathrm{T}}V_y}{n-N}\right)^{1/2} \end{aligned}\right\} \tag{4-8}$$

式中　n——控制点个数；

　　N——系数个数；

　　$n-N$——多余观测数。

设定一个限差ε作为评定精度的标准。若$\delta>\varepsilon$,则说明存在粗差,精度不可取,应对每个控制点上的平差残余误差V_{x_i}、V_{y_i}进行比较检查,视最大者为粗差,将其剔除,或重新选点后再进行平差,直至满足 $\delta < \varepsilon$。

限差按成图比例尺规范规定为:

1:10 万影像图,δ 不超过 ±50 m;

1:5万影像图,δ 不超过 ±25 m;

1:1万影像图,δ 不超过 ±5 m。

2. 确定输出影像范围

求解变换参数后,就可以对遥感图像进行几何纠正。影像边界范围,指的是在计算机存储器中为输出图像所开出的存储空间大小,以及该空间边界(首行、首列、末行和末列)的地图(或地面)坐标定义值。图 4-3 左侧为一幅原始图像 $abcd$,定义在图像坐标系 $a-xy$ 中,右侧 $O-XY$ 是地图坐标系,$a'b'c'd'$ 为纠正后的图像,$ABCD$ 表示在计算机中为纠正后图像开出的存储范围及相应的地面位置。显然,由于图像边界定义得不恰当,纠正后图像未被全部包括,以及出现了过多空白图像空间的不合理现象。因而,输出图像边界范围的确定原则应如图 4-4 所示那样,既包括纠正后图像的全部内容,又使空白图像空间尽可能地少。

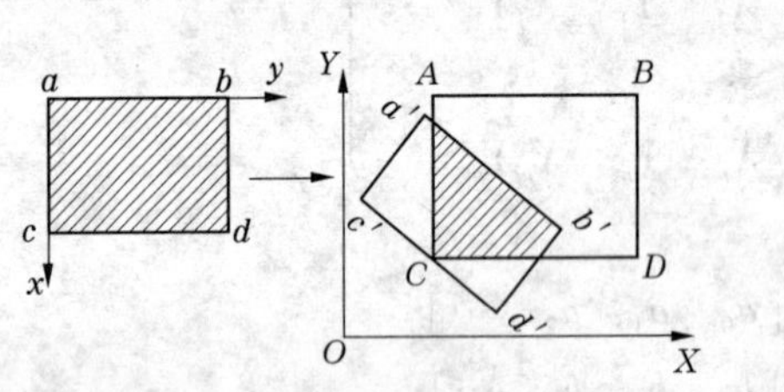

图 4-3　不正确边界范围

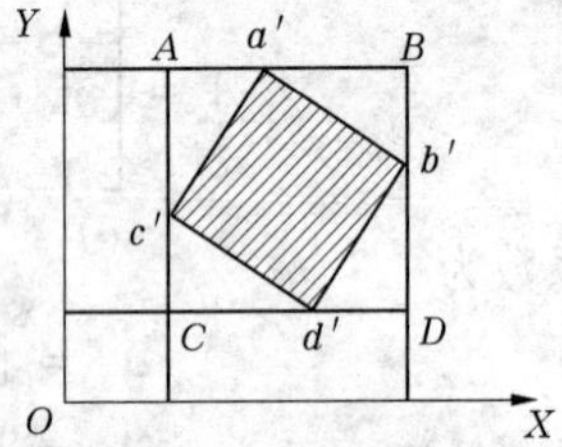

图 4-4　正确边界范围

把原始图像的 4 个角点 a,b,c,d 按纠正变换函数投影到地图坐标系中去,得到 8 个坐标值:

$$(X_a',Y_a'),(X_b',Y_b'),(X_c',Y_c'),(X_d',Y_d')$$

对这 8 个坐标值按 X 和 Y 两个坐标组分别求最小值(X_1,Y_1)和最大值(X_2,Y_2)

$$\left.\begin{aligned} X_1 &= \min(X_a',X_b',X_c',X_d') \\ X_2 &= \max(X_a',X_b',X_c',X_d') \\ Y_1 &= \min(Y_a',Y_b',Y_c',Y_d') \\ Y_2 &= \max(Y_a',Y_b',Y_c',Y_d') \end{aligned}\right\} \tag{4-9}$$

(X_1,Y_1),(X_2,Y_2)为纠正后图像范围 4 条边界的地图坐标值。

3. 像元几何位置变换

在输出图像边界及其坐标系统确立后,就可以按照选定的纠正变换函数把原始数字图像逐个像素变换到图像存储空间中去。这里有两种可供选择的纠正方案,即直接纠正法和间接纠正法,如图 4-5 所示。

直接纠正法:从原始图像阵列出发,按行列的顺序依次对每个原始图像像元点位用变换函数 $F(x,y)$ 求得它在新图像中的位置,并将该像元亮度值移到新图像的对应位置上。

间接纠正法:从空白的新图像阵列出发,按行列的顺序依次对新图像中每个像元点位用变换函数 $G(x,y)$ 反求其在原始图像中的位置,然后把算得的原始图像点位上的亮度值赋予空白新图像相应的像元。

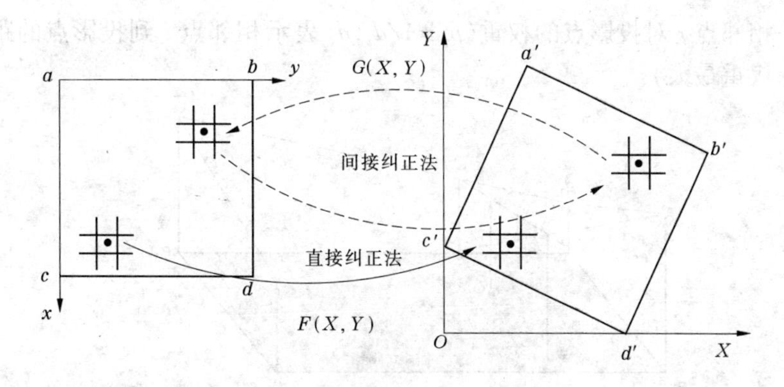

图 4-5　直接纠正法和间接纠正法

这两种方案本质上并无差别,主要不同仅在于所用的纠正变换函数不同,互为逆变换;其次,纠正后像素获得亮度值的办法不同,对于直接纠正法,称为亮度重配置,而对于间接纠正法,称为亮度重采样。由于直接纠正法要进行像元的重新排列,要求存储空间大 1 倍,计算时间也长,所以在实践中通常使用的是间接纠正法。

4. 像元的亮度重采样

对于纠正后的新图像的每一个像元,根据变换函数,可以得到它在原始图像上的位置。如果求得的位置为整数,则该位置处的像元亮度就是新图像的亮度值。如果位置不为整数,则像元亮度值需根据周围阵列像元的亮度确定,这种方法称为亮度重采样。常用的三种方法是:最近邻像元采样法、双线性内插采样法、三次卷积重采样法。

(1)最近邻像元采样法:实质是取待采样点周围 4 个相邻像素点中距离最近的 1 个点的亮度值作为该点的亮度值,如图 4-6 所示。

采样函数为

$$W(x_c, y_c) = 1 \qquad (x_c = x_N, y_c = y_N) \tag{4-10}$$

采样亮度为

$$I_p = W(x_c, y_c) \cdot I_N = I_N \tag{4-11}$$

其中

$$\left.\begin{aligned} x_N &= 取整(x_p + 0.5) \\ y_N &= 取整(y_p + 0.5) \end{aligned}\right\} \tag{4-12}$$

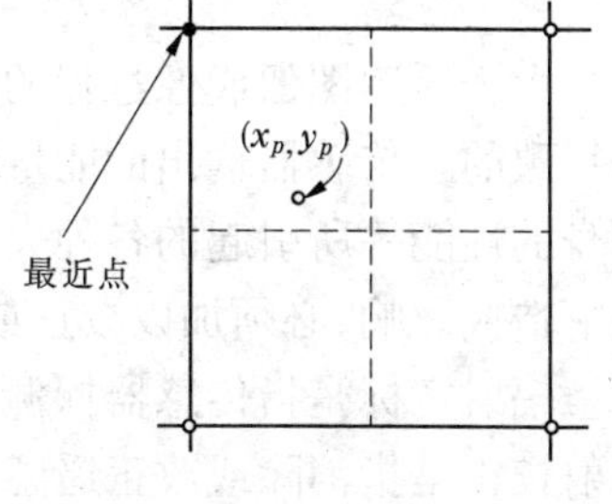

图 4-6　最近邻像元采样

最近邻像元采样法较简单,辐射保真度较好,但它将造成像点在一个像素范围内的位移,其几何精度较其他两种方法差。

(2)双线性内插采样法:利用周围 4 个相邻像素点的亮度值在两个方向上作线性内插以得到待采样点的亮度值,即根据待采样点与相邻点的距离确定相应的权值,计算出待采样点的亮度值(见图 4-7)。公式为

$$g(m,n) = \frac{p_1 g_1 + p_2 g_2 + p_3 g_3 + p_4 g_4}{p_1 + p_2 + p_3 + p_4} = \frac{\sum_{i=1}^{4} p_i g_i}{\sum_{i=1}^{4} p_i} \tag{4-13}$$

式中　$g(m,n)$——输出像元亮度值;

g_i——相邻点 i 的亮度值;

p_i——相邻点 i 对投影点的权重($p_i = 1/d_i$, d_i 表示相邻点 i 到投影点的距离,最近者权重最大)。

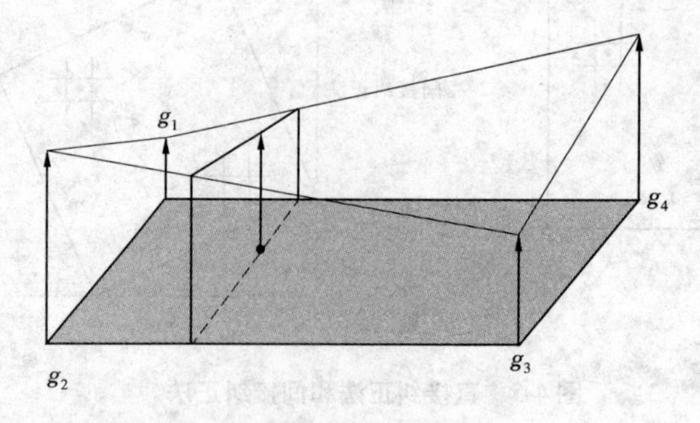

图 4-7 双线性内插采样

与最近邻像元采样法相比,双线性内插采样法由于考虑了待采样点周围 4 个相邻点对待采样点的影响,因此基本克服了前者亮度不连续的缺点。但由于此方法仅考虑 4 个相邻点亮度值的影响,而未考虑到各相邻点间亮度值变化率的影响,因此缩放后图像的高频分量受到损失,图像的轮廓变得较模糊。该法的计算较为简单,并具有一定的亮度采样精度,所以它是实践中常用的方法。

(3)三次卷积重采样法:不仅考虑到 4 个相邻点亮度值的影响,还考虑到各相邻点间灰度值变化率的影响。三次卷积重采样法利用了待采样点周围更大邻域内像素的亮度值作 3 次插值。该方法用进一步增大计算量来换取待采样点精度的进一步提高,其效果是 3 种方法里最好的,但也是 3 种方法中计算量最大的。

二、辐射校正

由于遥感图像成像过程的复杂性,传感器接收的电磁波能量与目标本身辐射的能量是不一致的。传感器输出的能量包含了由太阳位置和角度条件、大气条件、地形影响和传感器本身的性能等所引起的各种失真,这些失真不是地面目标本身的辐射,因此对图像的使用和理解造成影响,必须加以校正或消除。辐射定标和辐射校正是遥感数据定量化的最基本环节。辐射定标是指传感器探测值的标定过程方法,用以确定传感器入口处的准确辐射值。辐射校正是指消除或改正遥感图像成像过程中附加在传感器输出的辐射能量中的各种噪声的过程。一般情况下,用户得到的遥感图像在地面接收站处理中心已经作了辐射定标和辐射校正。

(一)辐射误差

遥感图像的辐射误差主要包括:

(1)传感器本身的性能引起的辐射误差。

(2)太阳高度角和地形影响引起的辐射误差。

(3)大气的散射和吸收引起的辐射误差。

(4)因检测器特性的差别、干扰、故障或磁带的误码率引起的不正常的条纹和斑点。

(二)辐射校正

辐射校正的目的是尽可能消除因传感器自身条件、薄雾等大气条件、太阳位置和角度条件及某些不可避免的噪声,而引起的传感器的测量值与目标的光谱反射率或光谱辐射亮度等物理量之间的差异，尽可能恢复图像的本来面目，为遥感图像的识别、分类、解译等后续工作打下基础。辐射校正包括以下几方面。

1. 传感器的辐射校正

传感器的辐射校正有以下几种方法：简化理论计算方法、利用图像本身来求反射率法、基于图像数据本身的方法和借助已知地物光谱反射率的经验方法等。

1）简化理论计算方法

该方法针对可见光和近红外波段主要是求反射率，而对热红外波段主要是在求出地物的辐射亮度后，以普朗克公式求出地物温度。

2）利用图像本身来求反射率法

该方法从图像数据本身出发，很少需要其他辅助数据，基本属于归一化范畴。常用方法有：

(1)内部平均法。即以图像某一波段的亮度值除以该波段的平均值得到相对发射率。该方法要求地物具有多种类型，整幅图像的均值光谱曲线没有明显的强吸收特征。

(2)平场域法。即在图像中找一块亮度高、光谱响应变化小和地形起伏小的区域，用图像亮度值除以该区域的光谱响应值。该方法能减少大气影响和仪器引入的残留效应等。

(3)对数残差法。该方法考虑了大气效应和地形影响。

2. 太阳高度角和地形影响引起的辐射误差校正

太阳高度角引起的辐射畸变校正是将太阳光线倾斜照射时获取的图像校正为太阳光垂直照射时获取的图像，因此在作辐射校正时，需要知道成像时刻的太阳高度角。太阳高度角可以根据成像时刻的时间、季节和地理位置确定。由于太阳高度角的影响，在图像上会产生阴影现象，阴影会覆盖阴坡地物，对图像的定量分析和自动识别产生影响。一般情况下，阴影是难以消除的，但对多光谱图像可以用两个波段图像的比值产生一个新图像以消除阴影的影响。在多光谱图像上，产生阴影区的图像亮度值是无阴影时的亮度和阴影亮度值之和，通过两个波段的比值可以基本消除影响。

具有地形坡度的地面，对进入传感器的太阳光线的辐射亮度有影响，但是地形坡度引起的辐射亮度校正需要知道成像地区的数字地面模型，校正不方便。同样也可以用比值图像来消除其影响。

3. 大气校正

大气校正就是指消除由大气散射和吸收引起的辐射误差的处理过程，主要指对天空散射光的校正。消除大气的影响是非常重要的，消除大气影响的校正过程称为大气校正。

1）基于地面场地数据或辅助数据进行辐射校正

该方法是在遥感成像的同时，同步获取成像目标的反射率，或通过预先设置已知反射率的目标，把地面实况数据与传感器的输出数据进行比较，来消除大气的影响。本方法是假设地面目标反射率与传感器所获得的信号之间属于线性关系，将地面测定的结果与卫星图像对应像元的亮度值进行回归分析。

2）利用某些波段特性来校正其他波段的大气影响

一般情况下，散射主要发生在短波波段，对近红外波段几乎没有影响。如 MSS－7 几乎不受大气辐射的影响，把它作为无散射影响的标准图像，通过对不同波段图像的对比分析来计算大气影响。

(1)回归分析法。在不受大气影响的波段图像和待校正的某一波段图像中,选择从最亮到最暗的一系列目标,对每一目标的两个波段亮度值进行回归分析。

(2)直方图法。灰度直方图反映一幅图像中各灰度级像素出现的频率(即像元数),是图像最基本的统计特征。以灰度级为横坐标,灰度级的频率为纵坐标,绘制的频率同灰度级的关系图就是灰度直方图。当灰度级较多时,可以将点连接成光滑的曲线。有关详细介绍可参照相关遥感图像处理的书籍。若图像中存在灰度为零的目标,如深海水体、阴影等,在理想的情况下图像的灰度值应为零,但实际上由于受水汽散射、辐射影响目标的灰度值不为零。根据具体大气条件,各波段要校正的大气影响是不同的。为确定大气影响,显示有关图像的直方图,从图4-8上可以得知最黑的目标灰度为零,即第七波段图像的最小灰度值为零,第四波段的最小灰度值为 a_4,则 a_4 就是第四波段图像的大气校正。大气校正后的直方图如图4-9所示。其他波段同理可以得到大气校正。

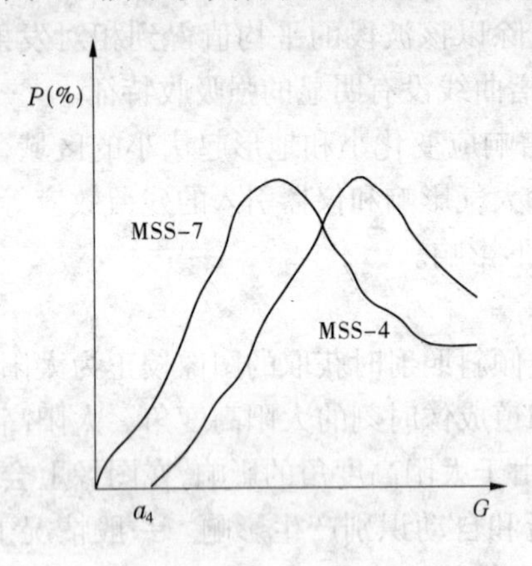

图4-8 大气影响的直方图

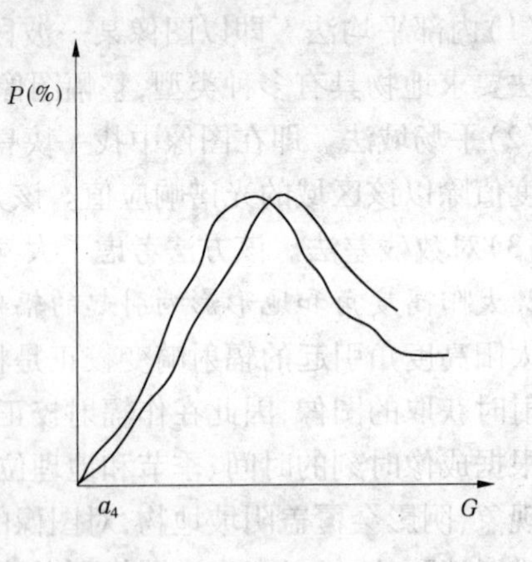

图4-9 大气影响校正后的直方图

三、ERDAS几何校正

(一)显示图像文件

在ERDAS图标面板中点击Viewer图标两次,打开两个视窗(Viewer1和Viewer2),并将两个视窗平铺放置,操作过程如下:

在ERDAS面板菜单条中选择Session→Title Viewers。

在Viewer1中打开需要校正的Landsat图像:tmatlanta. img。

在Viewer2中打开作为地理参考的校正过的SPOT图像:panatlanta. img。

显示图像文件如图4-10所示。

(二)启动几何校正模块

在Viewer1菜单条中选择Raster→ Geometric Correction→打开"Set Geometric Model"对话框(见图4-11)→选择多项式几何校正模型:Polynomial→按"OK"按钮。

打开"Geo Correction Tools"对话框(见图4-12)和"Polynomial Model Properties"对话框(见图4-13)。

在"Polynomial Model Properties"对话框中,定义多项式模型参数以及投影参数。

定义多项式模型参数(Polynomial Order):2(若此处定义的次方数为 T,则需配准的点数为 $(T+1)(T+2)/2$,如为2,则应该配置6个点)。

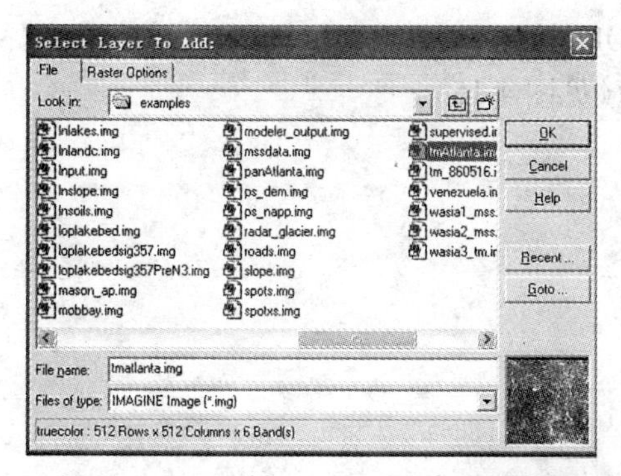

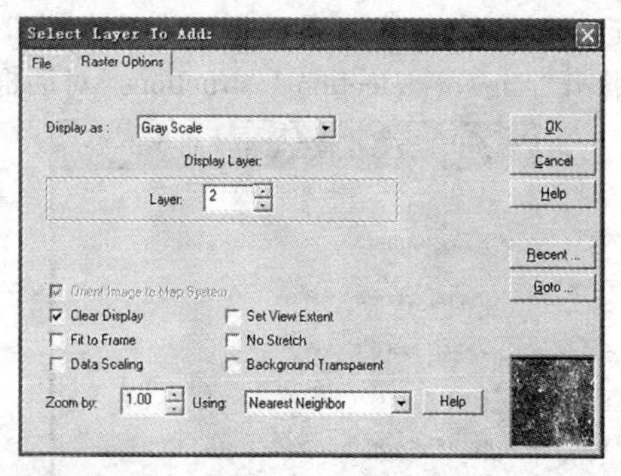

图 4-10　显示图像文件

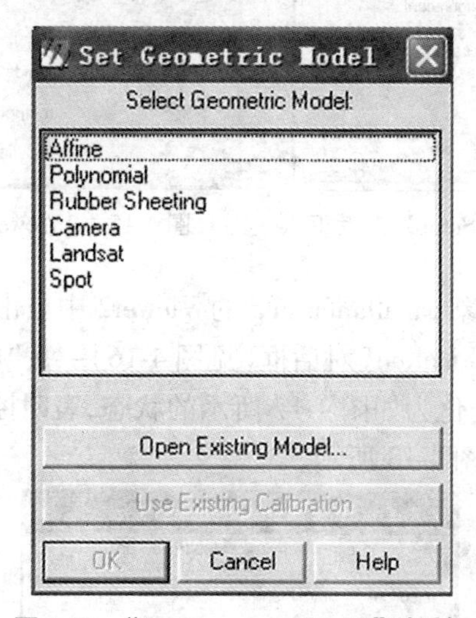

图 4-11　“Set Geometric Model”对话框

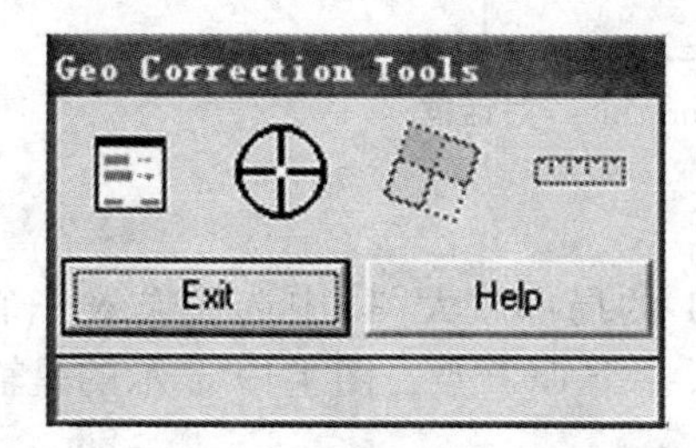

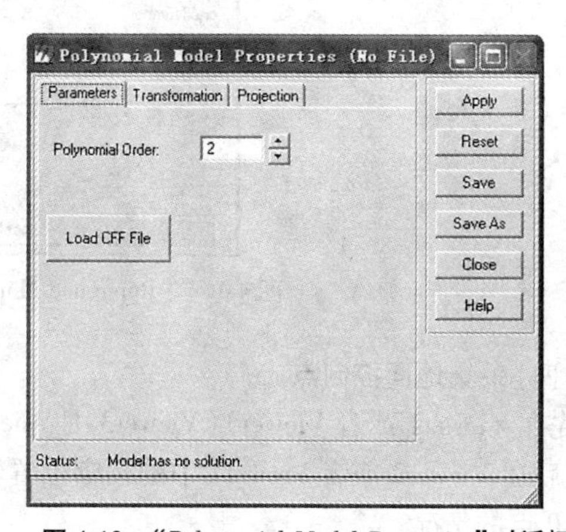

图 4-12　“Geo Correction Tools”对话框　　　　图 4-13　“Polynomial Model Properties”对话框

定义投影参数:(Projection)。

打开“GCP Tool Reference Setup” 对话框(见图 4-14)。

(三)启动控制点工具

在“GCP Tool Reference Setup”对话框中选择采点模式。

选择视窗采点模式:Existing Viewer→按“OK”按钮。

打开“Viewer Selection Instructions”对话框(见图4-15)。

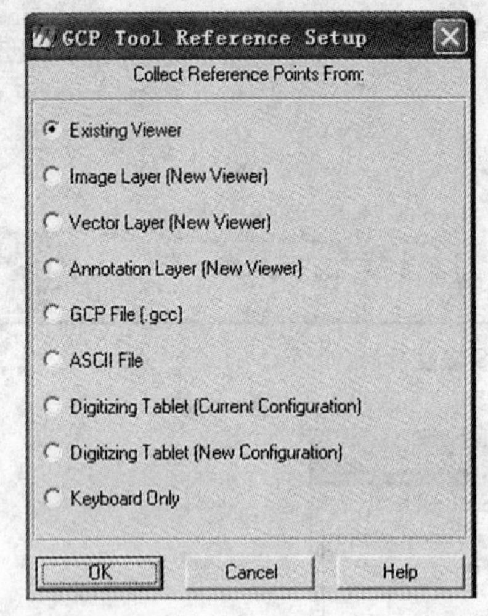

图4-14 “GCP Tool Reference Setup”对话框

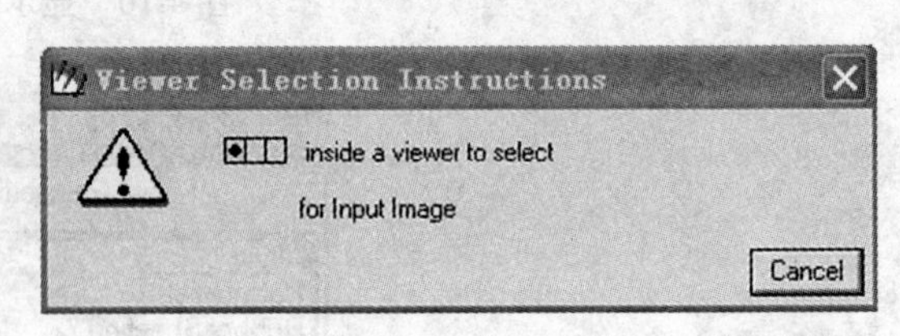

图4-15 “Viewer Selection Instructions”对话框

在显示作为地理参考图像panatlanta. img的Viewer2中点击左键。

打开“Reference Map Information”对话框(见图4-16)→按“OK”按钮。

此时,整个屏幕将自动变化为如图4-17所示的状态,表明控制点工具已启动,进入控制点采点状态。控制点工具如图4-18所示。

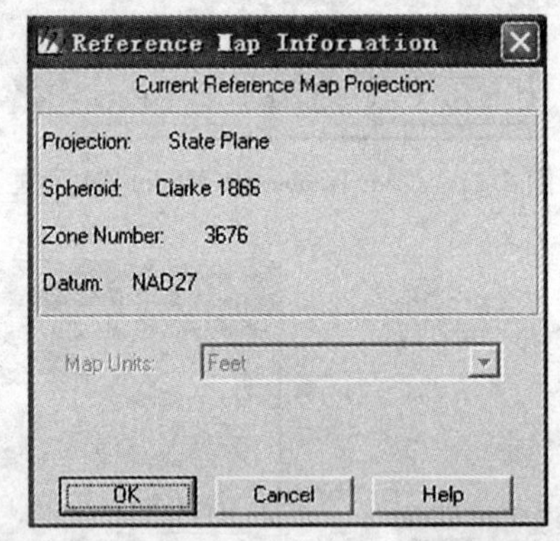

图4-16 “Reference Map Information”对话框

(四)采集地面控制点

先在Viewer1或者Viewer3(Viewer3是Viewer1的局部放大图)中选择输入一个GCP点,然后在Viewer2或者Viewer4中的相应位置输入一个GCP点。图4-19显示的是输入一个GCP点的情况。

不断重复,采集若干GCP,直到满足所选定的几何校正模型为止(如当定义多项式模型参数为2时,必须选定6对以上的点)。

(五)计算转换模型

在控制点采集过程中,一般设置为自动转换计算模型。所以,随着控制点采集过程的完成,转换模型就自动计算生成。

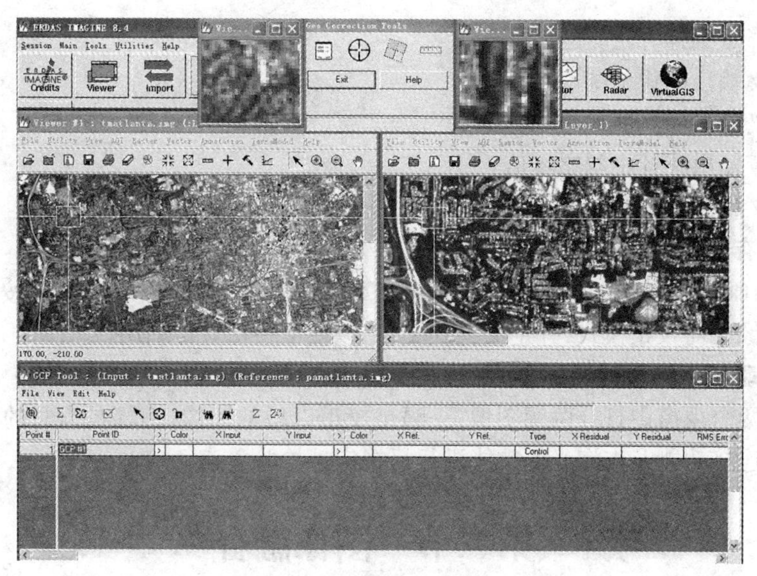

图 4-17　控制点采点

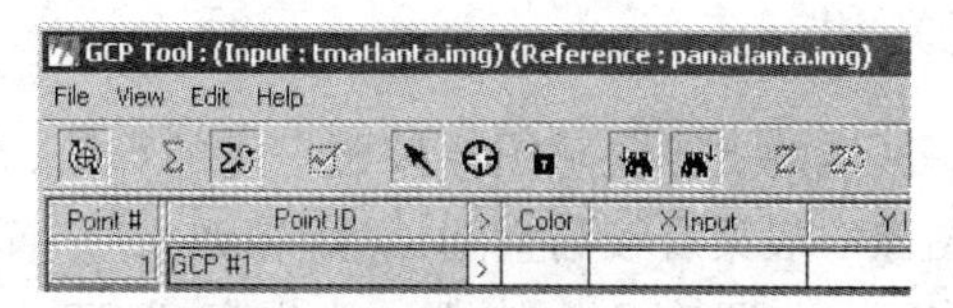

图 4-18　控制点工具

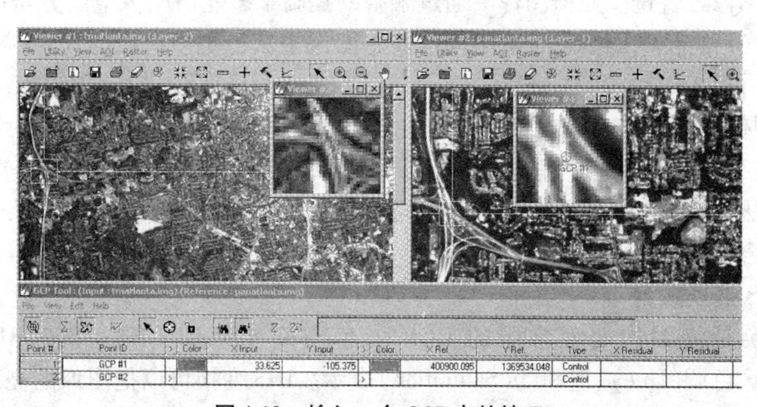

图 4-19　输入一个 GCP 点的情况

在"Geo Correction Tools"对话框中,点击 Display Model Properties 图标,可以查阅模型。

(六)图像重采样

重采样过程就是依据未校正图像的像元值,计算生成一幅校正图像的过程。原图像中所有栅格数据层都要进行重采样。ERDAS IMAGE 提供了三种最常用的重采样方法。

图像重采样的过程如下:

(1)在"Geo Correction Tools"对话框中选择 Image Resample 图标。

(2)在"Image Resample"对话框中,定义重采样参数。

(3)输出图像文件名。

(4)选择重采样方法。

(5)定义输出图像范围。

(6)定义输出像元的大小。

(7)设置输出统计中忽略零值。

(8)定义重新计算输出的缺省值。

(七)保存几何校正模式

在“Geo Correction Tools”对话框中点击“Exit”按钮,退出几何校正过程,按照系统提示,选择保存图像几何校正模式,并定义模式文件,以便下一次直接利用。

(八)检验校正结果

同时在两个视窗中打开两幅图像,一幅是校正以后的图像,一幅是当时的参考图像,通过视窗地理连接功能及查询光标功能进行目视定性检验。

第二节　图像融合

一、图像融合的定义和方法

图像融合是指将同一区域的多源遥感图像按照一定的算法,在规定的地理坐标系生成新的图像的过程。全色图像一般具有较高空间分辨率(如 SPOT 全色图像分辨率为 10 m),多光谱图像光谱信息较丰富(SPOT 有 3 个波段),为提高 SPOT 多光谱图像的空间分辨率,可以将全色图像融合进多光谱图像。通过融合既提高了多光谱图像空间分辨率(10 m),又保留了其多光谱特性。图像融合从不同的遥感图像中获得更多有用的信息,补充单一传感器的不足。

首先,图像融合要求多源图像精确配准,当分辨率不一致时,要求重采样后保持一致;其次,将图像按某种变换方式分解成不同级的子图像,这种分解变换必须可逆。常用的遥感图像融合的算法很多,包括 IHS 变换融合、小波变换融合、乘积变换融合、Brovery 变换融合、PCA 变换融合方法等。

(一)IHS 变换融合

IHS 变换是将图像处理常用的 RGB 彩色空间变换到 IHS 空间。IHS 空间用亮度(Intensity)、色调(Hue)、饱和度(Saturation)表示。IHS 变换可以把图像的亮度、色调和饱和度分开,图像融合只在强度通道上进行,图像的色调和饱和度保持不变。

IHS 变换的融合过程如下:

(1)将待融合的全色图像和多光谱图像进行几何配准,并将多光谱图像重采样使其分辨率与全色分辨率相同。

(2)将多光谱图像变换到 IHS 空间。

(3)对全色图像 I′和 IHS 空间中的亮度分量 I 进行直方图匹配。

(4)用全色图像 I′代替 IHS 空间的亮度分量,即 IHS→I′HS。

(5)将 I′HS 逆变换到 RGB 空间,即得到融合图像。

通过变换、替代、逆变换获得的融合图像,既具有全色图像高分辨的优点,又保持了多光谱图像的色调和饱和度。IHS 变换融合只能用 3 个波段的多光谱图像和全色图像融合。

(二)小波变换融合

小波变换(Wavelet Transform)是一种新型的工程数学工具,由于其具备的独特数学性质与视觉模型相近,因此小波变换在图像处理领域也得到了广泛的运用。通过小波变换,可以将图像分解成一系列具有不同空间分辨率和频率特征的子空间,从而使原始图像的特征能够得以充分体现。

对于二维信号(如图像),其分解公式为

$$\left.\begin{aligned} C_{m,n}^{j} &= \frac{1}{2}\sum_{k,l\in Z}\left(C_{k,l}^{j+1}h_{k-2m}h_{l-2n}\right) \\ d_{m,n}^{j1} &= \frac{1}{2}\sum_{k,l\in Z}\left(C_{k,l}^{j+1}h_{k-2m}g_{l-2n}\right) \\ d_{m,n}^{j2} &= \frac{1}{2}\sum_{k,l\in Z}\left(C_{k,l}^{j+1}g_{k-2m}h_{l-2n}\right) \\ d_{m,n}^{j3} &= \frac{1}{2}\sum_{k,l\in Z}\left(C_{k,l}^{j+1}g_{k-2m}g_{l-2n}\right) \end{aligned}\right\} \tag{4-14}$$

式中 C^{j}——图像 C^{j+1} 中的低频成分(上标 j 和 $j+1$ 表示空间尺度),代表图像在尺度 j 下的近似图像(LL);

d^{j1}——图像 C^{j+1} 中垂直方向上的高频成分(LH);

d^{j2}——图像 C^{j+1} 中水平方向上的高频成分(HL);

d^{j3}——图像 C^{j+1} 中对角方向上的高频成分(HH)。

相应的图像重建公式为

$$\begin{aligned} C_{m,n}^{j+1} = \frac{1}{2}\Big[&\sum_{k,l\in Z}\left(C_{k,l}^{j}\,\bar{h}_{2k-m}\,\bar{h}_{2l-n}\right) + \sum_{k,l\in Z}\left(d_{k,l}^{j1}\,\bar{h}_{2k-m}\,\bar{g}_{2l-n}\right) + \\ &\sum_{k,l\in Z}\left(d_{k,l}^{j2}\,\bar{g}_{2k-m}\,\bar{h}_{2l-n}\right) + \sum_{k,l\in Z}\left(d_{k,l}^{j3}\,\bar{g}_{2k-m}\,\bar{g}_{2l-n}\right)\Big] \end{aligned} \tag{4-15}$$

式中 $\bar{h}$、$\bar{g}$——h 和 g 的共轭转置矩阵。

基于离散小波变换的图像融合方法的基本步骤是:对每幅原图像分别进行离散小波分解,得到一系列子频带图像;对各分解层从高到低分别进行融合处理,各分解层上的不同频率分量可采用不同的融合方式进行融合处理,最终得到融合后的各个子频带图像;进行离散小波反变换,所得到的重构图像即为融合图像。融合过程如图 4-20 所示。

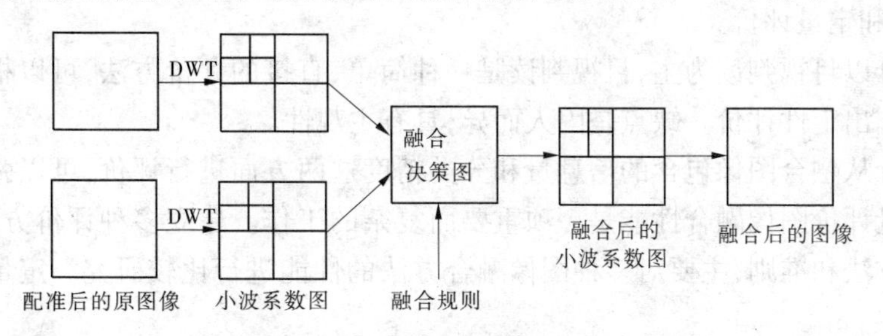

图 4-20 基于小波变换的图像融合方法

(三)乘积变换融合

乘积变换融合算法可以表示为

$$B_i = PX_i \tag{4-16}$$

式中 B_i——融合图像的波段 i 当前像元的亮度值；

X_i——多光谱图像的波段 i 对应像元的亮度值；

P——全色图像对应像元的亮度值。

通过乘积变换融合能够有效地提高多光谱图像的空间分辨率，但会使图像亮度成分得到增加。

（四）Brovery 变换融合

Brovery 变换融合即比值变换融合，其常用的表达式为

$$B_i = X_i P / \sum_i X_i \tag{4-17}$$

Brovery 变换融合只能用 3 个波段的多光谱图像和全色图像融合。Brovery 变换融合可以增加图像两端的对比度。当要保持原图像的辐射度时，本方法不宜采用。

（五）PCA 变换融合

PCA（Principal Component Analysis）变换即主成分变换，PCA 变换是在统计基础上的多维正交线性变换。其常用的表达式为

$$Y = KX \tag{4-18}$$

式中 X——变换前的多光谱空间的像元矢量；

Y——变换后的主分量空间的像元矢量；

K——变换矩阵。

经过 PCA 变换后的几个主分量图像模式彼此之间是相互独立的，有利于应用变换后的主分量图像对不同地物信息量作出全面的综合解译。

主成分变换融合的具体过程是：首先，对输入的多波段遥感数据进行空间配准，并作主成分变换；其次，将空间配准的高空间分辨率遥感数据与第一主成分作直方图匹配；再次，用直方图匹配后的高空间分辨率遥感数据代替第一主成分；最后，进行主成分逆变换，生成具有高空间分辨率的多波段融合图像，该融合算法对融合区域比较敏感。

二、图像融合效果评价

对融合结果进行评价是必要的。不同的应用有不同的评价标准。评价方法可以分为两类：定性评价和定量评价。

定性评价以目视判读为主，目视判读是一种简单、直接的评价方法，可以根据图像融合前后的对比作出定性评价。缺点是因人而异，具有主观性。

定量评价从融合图像包含的信息量和分类精度这两方面进行评价，可以弥补定性评价的不足。定量评价图像融合性能是一项重要而复杂的工作。建立多种评价方法和准则，利用这些评价方法和准则，主要对多种图像融合方法的性能进行比较研究。定量评价的一些指标如下：

（1）熵。熵值的大小表示图像所包含的平均信息量的多少，反映了图像中具有不同亮度值像素的概率分布，熵越大则图像包含的信息越丰富。表达式为

$$H = -\sum_{i=0}^{L-1}(p_i \log_2 p_i) \quad (p_i = D_i/D, p_i \text{ 为图像像素亮度值 } i \text{ 的概率}) \tag{4-19}$$

(2)平均梯度。它反映图像中微小细节反差和纹理变化的特征,表达图像的清晰度。表达式为

$$G = \frac{1}{mn}\sum_{i=0}^{m-1}\sum_{j=0}^{n-1}\sqrt{\Delta xf(i,j)^2 + \Delta yf(i,j)^2} \tag{4-20}$$

式中 $\Delta xf(i,j)$,$\Delta yf(i,j)$——像素(i,j)在x,y方向上的一阶差分值;

m,n——图像大小。

平均梯度G越大,则图像越清晰。

(3)偏差指数。它反映两幅图像间的偏离程度。图像f_A,f_B的偏差指数为

$$D = \frac{1}{mn}\sum_{i=0}^{m-1}\sum_{j=0}^{n-1}\frac{|f_A(i,j) - f_B(i,j)|}{f_B(i,j)} \tag{4-21}$$

(4)相关系数。它描述两幅图像的相似性。表达式为

$$r = \frac{\sum_{i=0}^{m-1}\sum_{j=0}^{n-1}[f_A(i,j) - \bar{f}_A][f_B(i,j) - \bar{f}_B]}{\sqrt{\left(\sum_{i=0}^{m-1}\sum_{j=0}^{n-1}[f_A(i,j) - \bar{f}_A]^2\right)\left(\sum_{i=0}^{m-1}\sum_{j=0}^{n-1}[f_B(i,j) - \bar{f}_B]^2\right)}} \tag{4-22}$$

(5)用融合后的图像进行分类,以分类的精度来评价融合图像的质量。

选用某一种分类器,对融合图像和原始图像进行分类,然后将该图像内实际的利用情况作为参考,比较融合后图像和融合前图像分类的结果,以判断融合的质量。

第三节 图像拼接

图像拼接就是将具有地理参考的若干幅互为相邻(时相往往可能不同)的遥感图像合并成一幅统一的图像。图像配准和图像融合是图像拼接的两个关键技术。图像配准是图像融合的基础,而且图像配准算法的计算量一般非常大,因此图像拼接技术的发展很大程度上取决于图像配准技术的创新。图像拼接的方法很多,不同的算法步骤会有一定差异,但大致的过程是相同的。一般来说,图像拼接主要包括以下几步:

(1)图像预处理。包括数字图像处理的基本操作(如去噪、边缘提取、直方图处理)、建立图像的匹配模板以及对图像进行某种变换(如傅里叶变换、小波变换)等操作。

(2)图像配准。就是采用一定的匹配策略,找出待拼接图像中的模板或特征点在参考图像中对应的位置,进而确定图像之间的变换关系。

(3)建立变换模型。根据模板或者图像特征之间的对应关系,计算出数学模型中的各参数值,从而建立两幅图像的数学变换模型。

(4)统一坐标变换。根据建立的数学转换模型,将待拼接图像转换到参考图像的坐标系中,完成统一坐标变换。

(5)融合重构。将带拼接图像的重合区域进行融合得到拼接重构的平滑无缝全景图像。

图像拼接的基本流程如图 4-21 所示。

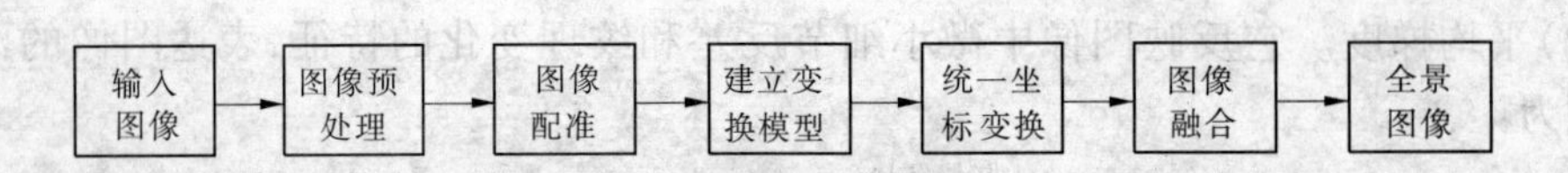

图 4-21 图像拼接的基本流程

习 题

1. 遥感图像的几何校正包含哪些步骤?
2. 像元的亮度重采样的常用方法有哪些?
3. 什么是图像融合? 常用的算法有哪些?
4. 什么是图像拼接? 它与图像融合有什么区别?

第五章　遥感图像增强处理

图像增强处理是遥感数字图像处理的最基本方法之一，通过增强处理可以突出图像中的有用信息，使图像中感兴趣的专题信息特征得以强调，图像变得清晰，其主要目的是提高图像的可解释性。例如有些遥感图像的目视效果较差，有些图像总体效果虽较好，但对所需要的信息，如边缘部分或线状地物不够突出等。针对上述问题，需要对图像进行增强处理，为进一步的图像判读做好预处理工作。

第一节　空间域增强

空间域是指图像平面所在的二维空间。空间域增强是指在图像平面上直接针对每个像元点进行处理，处理后像元的位置不变。空间域增强是图像增强技术的基本组成部分，它包括点运算和邻域运算。

一、辐射增强

辐射增强是按像元逐点运算的，并不考虑周围像元的影响。点运算虽然简单，却是很重要的一类技术。对于一幅输入图像，经过点运算后产生的输出图像的灰度值仅由相应输入像素点的灰度值决定，与周围的像元不发生直接联系。

辐射增强主要以图像的灰度直方图作为分析处理的基础。灰度直方图是灰度级的函数，描述的是图像中具有该灰度级的像元的个数（见图5-1）。

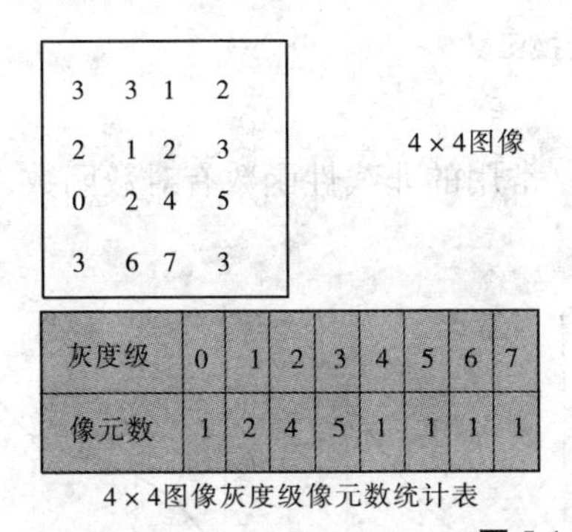

灰度级	0	1	2	3	4	5	6	7
像元数	1	2	4	5	1	1	1	1

4×4图像灰度级像元数统计表

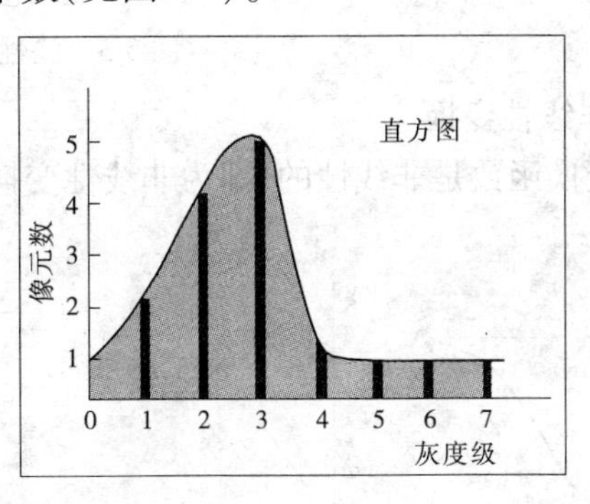

图5-1　灰度直方图

对于每幅图像都可作出其灰度直方图。根据直方图的形态可以大致推断图像质量的好坏。由于图像包含大量的像元，其像元灰度值的分布应符合概率统计分布规律。假定像元的灰度值是随机分布的，那么其直方图应该是正态分布的。一般来说，如果图像的直方图轮廓线越接近正态分布，则说明图像的灰度越接近随机分布，适合用统计方法处理，这样的图像一般反差适中；如果直方图峰值位置偏向灰度值大的一边，图像偏亮，否则，图像偏暗（见图5-2）。

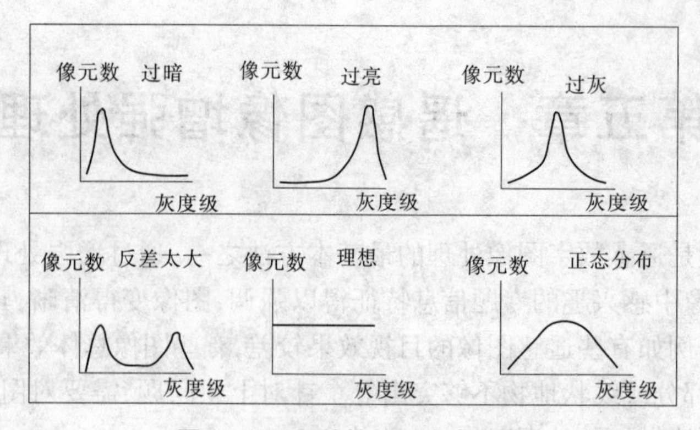

图 5-2　不同特性的图像直方图

(一)线性变换

对像元灰度值进行变换可使图像的动态范围增大,图像的对比度扩展,图像变得清晰,特征明显。如果变换函数是线性或分段线性的,这种变换即为线性变换。

线性变换是按比例扩大原始灰度级的范围,以充分利用显示设备的动态范围,使变换后图像的直方图的两端达到饱和。例如,某一图像直方图的最小灰度值为 10,最大灰度值为 72,经线性变换后,输出的最小值为 0,最大值为 255,原图像上其他灰度值等比例换算(见图 5-3)。

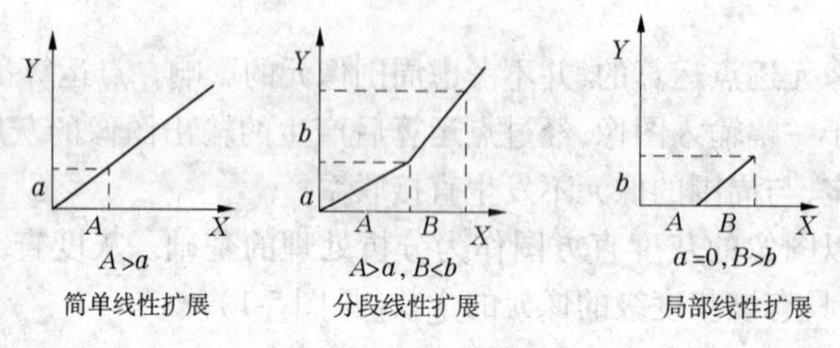

图 5-3　线性变换函数

(二)非线性变换

如果变换函数是非线性的,即为非线性变换。常用的非线性函数有对数函数、指数函数(见图 5-4)。

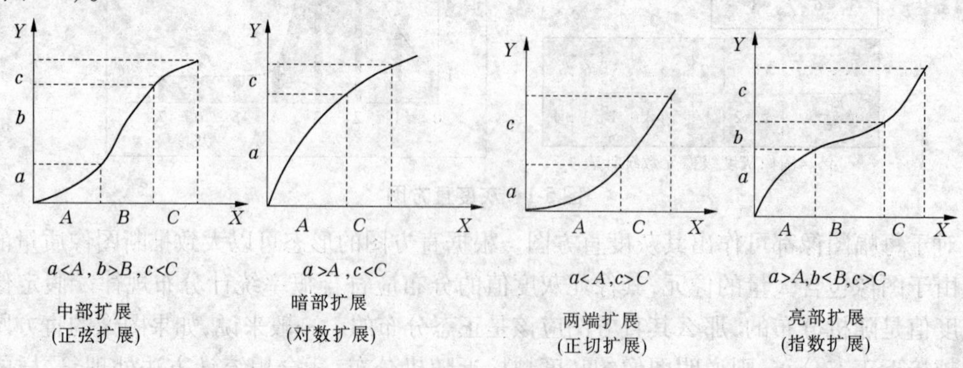

图 5-4　几种非线性变换函数

(三)其他非线性变换

大多数原始的遥感图像由于其灰度分布集中在较窄的范围内,图像的细节不够清晰,对比度较低。为了使图像的灰度范围拉开或使灰度均匀分布,从而增大反差,使图像细节清晰,以达到增强的目的,通常采用直方图均衡化及直方图规定化两种变换。

1. 直方图均衡化

直方图均衡化是将原图像的直方图通过变换函数变为均匀的直方图,然后按均匀直方图修改原图像,从而获得一幅灰度分布均匀的新图像。

这种扩展主要是对高频灰度值之间的间隔扩展,使直方图中所包含的地物反差显著增强,而有利于地物的区别(见图 5-5)。

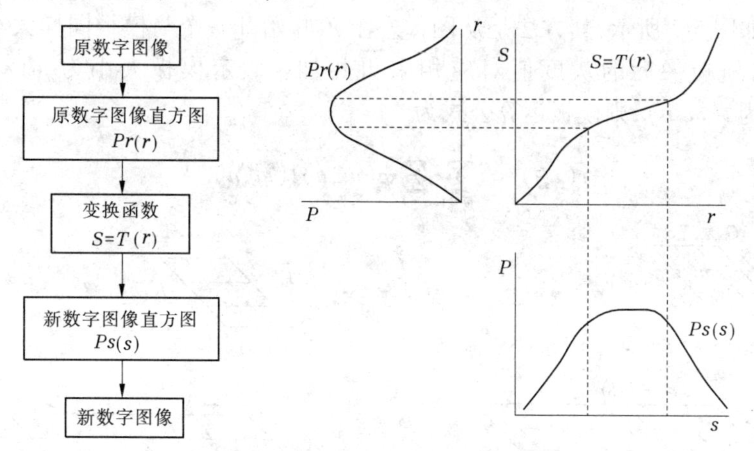

图 5-5　直方图均衡化

2. 直方图规定化

直方图规定化是指使一幅图像的直方图变成规定形状的直方图而对图像进行变换的增强方法。规定的直方图可以是一幅参考图像的直方图,通过变换使两幅图像的灰度变化规律尽可能地接近;规定的直方图也可以是特定函数形式的直方图,从而使变换后图像的灰度变化尽可能地服从这种函数分布。

直方图规定化的原理是对两个直方图都作均衡化,变成相同的归一化的均匀直方图。以此均匀直方图的媒介作用,再对参考图像作均衡化的逆运算即可。

二、空间增强

辐射增强主要是通过单个像元的运算在整体上改善图像的质量,而空间增强则是有目的地突出或去除图像上的某些特征。空间增强的目的性很强,处理后的图像从整体上看可能与原图像差异很大,但却突出了需要的信息或削弱了不需要的信息,从而达到了增强的目的。

(一)邻域处理

对于图像中的任一像元(i,j),把像元的集合$\{i+p,j+q\}$(p,q 取任意整数)叫做该像元的邻域,常用的邻域如图 5-6 所示,分别表示中心像元的 4 – 邻域和 8 – 邻域。

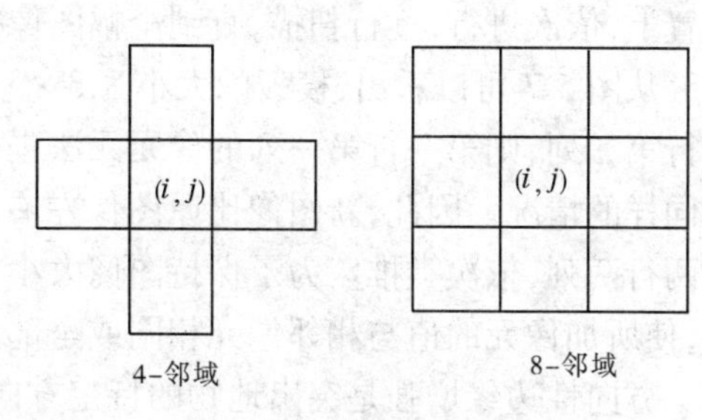

图 5-6　像元的邻域

在对图像进行处理时,某一像元处理后的值$g(i,j)$由处理前该像元$f(i,j)$的小邻域$N(i,j)$中

的像元值确定，这种处理称为局部处理，或称为邻域处理。邻域运算的计算表达式为

$$g(i,j) = \varphi_N[N(i,j)] \tag{5-1}$$

式中 φ_N——对 $N(i,j)$ 邻域内的像元进行的某种运算。

（二）卷积运算

卷积运算是在空间域上对图像进行邻域检测的运算。选定一个卷积函数，又称为模板，实际上是一个 $M \times N$ 的小图像，M、N 一般取奇数，而且一般 $M = N$，例如 3×3、5×5 等。图像的卷积运算是运用模板来实现的。

卷积运算如图 5-7 所示，其方法是从图像左上角开始开一个与模板同样大小的活动窗口，图像窗口与模板像元的灰度值对应相乘再相加。假定模板大小为 $M \times N$，窗口为 $\varphi(m,n)$，模板为 $t(m,n)$，则模板运算公式为

$$r(i,j) = \sum_{m=1}^{M} \sum_{n=1}^{N} \varphi(m,n) t(m,n) \tag{5-2}$$

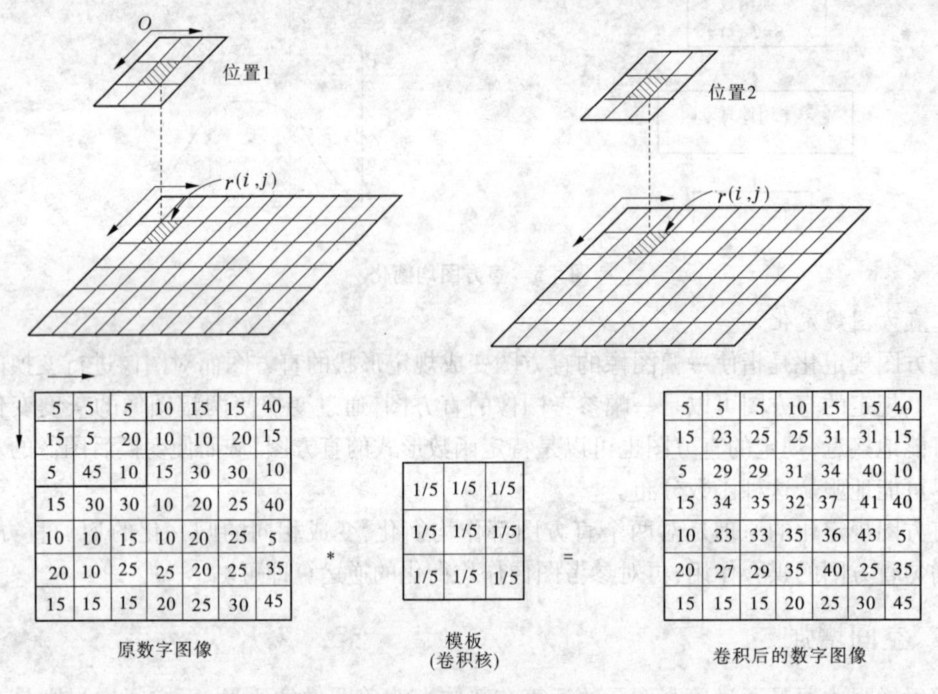

图 5-7 卷积运算

将计算结果 $r(i,j)$ 放在窗口中心的像元位置，成为新像元的灰度值。然后活动窗口向右移动一个像元，再按式(5-2)与模板作同样的运算，仍把计算结果放在移动后的窗口中心位置上，依次进行，逐行扫描，直到全幅图像扫描一遍，则新图像生成（见图 5-8）。

从图 5-7 可以看出，模板的大小为 3×3，从图像的左上角开始运算时，中心像元位于第二行第二列，则第一行第一列的像元无法进行模板计算；模板移动到右侧及下侧时，也会出现同样的情况。因此，新图像比原图像左右各少一列，上下各少一行；若模板为 5×5，则各少两行两列，依次类推。为了保持图像大小不变，可在新图像的上、下、左、右各加一行或一列，使所加像元的值与相邻像元相同或全部为 0。

方向性边缘增强是突出地物的特定方向边缘灰度值的差异处理方法。通过设计的方向

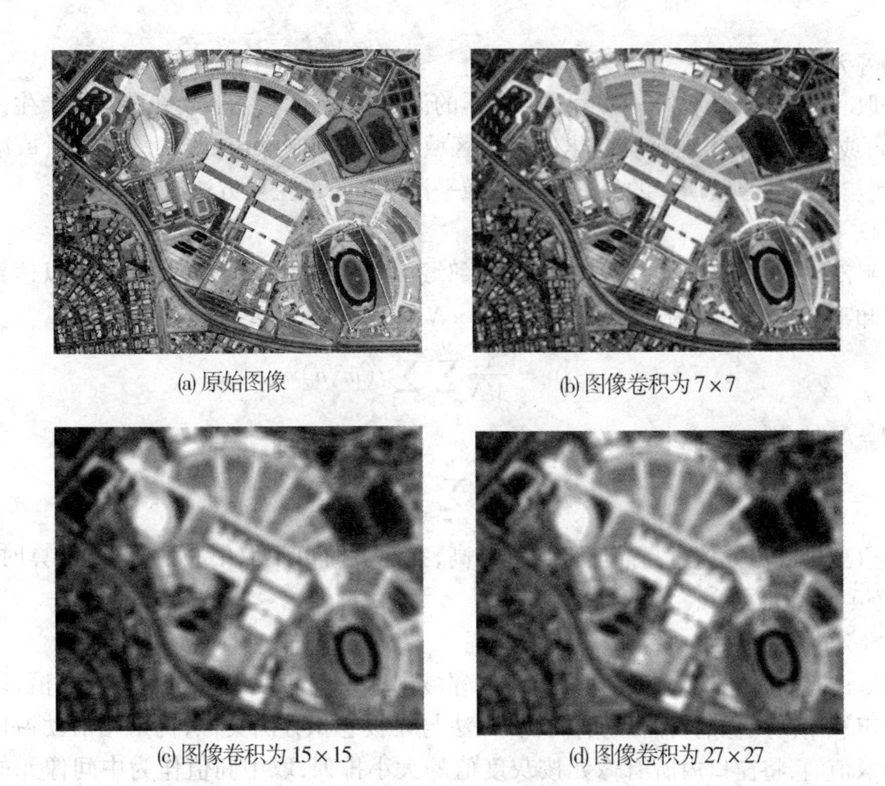

图 5-8　不同大小模板卷积后的图像

性模板与原图像卷积处理，达到突出指定方向的地物边缘灰度差异的目的。图 5-9 为方向性边缘增强示例。

1	0	1
1	0	1
1	0	1

1	1	1
0	0	0
1	1	1

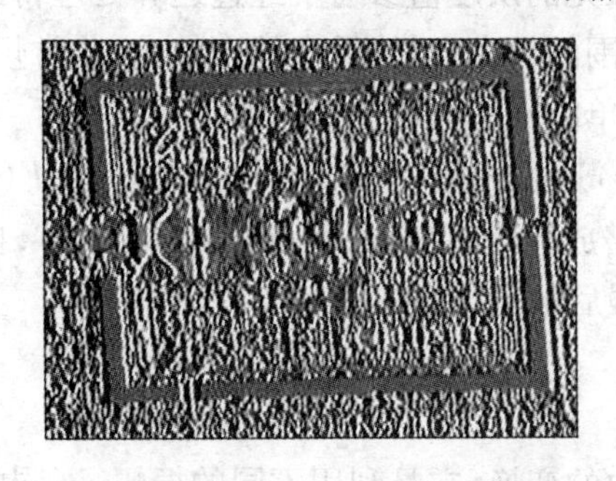

图 5-9　方向性边缘增强示例

(三)平滑

在获取和传输图像的过程中,由于传感器的误差及大气的影响,会在图像上产生一些亮点(噪声),或者图像中出现灰度变化过大的区域。为了抑制噪声,改善图像质量或减小变化幅度,使灰度变化平缓所作的处理称为图像平滑。平滑的主要方法有以下两种。

1. 均值平滑

均值平滑是将每个像元在以其为中心的邻域内取平均值来代替该像元值,以达到去掉尖锐噪声和平滑图像的目的。区域范围取 $M \times N$ 时,求均值公式为

$$g(i,j) = \frac{1}{MN}\sum_{m=1}^{M}\sum_{n=1}^{N}f(m,n) \tag{5-3}$$

当 $M = N$ 时,则

$$g(i,j) = \frac{1}{M^2}\sum_{m=1}^{M}\sum_{n=1}^{M}f(m,n) \tag{5-4}$$

为了避免中心像元值过高而使平均值升高,在运算时可不取中心值,具体计算时,常用 3×3 的模板作卷积运算。

2. 中值滤波

中值滤波是将每个像元在以其为中心的邻域内取中间灰度值来代替该像元值,以达到去尖锐噪声和平滑图像的目的。具体计算方法与模板卷积方法类似,仍采用活动窗口的扫描方法。取值时,将窗口内所有像元按灰度值的大小排列,取中间值作为中间像元的灰度值。所以,M、N 取奇数为好。

一般来说,图像亮度为阶梯状变化时,取均值平滑比取中值滤波要明显得多,而对于突出亮点的噪声干扰,从去噪声后对原图的保留程度看取中值要优于取均值。

(四)锐化

为了突出图像的边缘、线状目标或某些灰度变化大的部分,可采用锐化方法。有时可通过锐化直接提取出需要的信息。锐化后的图像已不再具有原遥感图像的特征而成为边缘图像。

第二节　频率域增强

空间增强技术在对图像进行平滑和锐化处理时强调像元与其周围相邻像元的关系,每个像元处理后的灰度值是在它自身及其周围像元的灰度值参与下经过运算处理得到的。常用的方法是卷积运算,但是随着采用的模板范围的扩大,运算量会越来越大,非常烦琐耗时。实际上,空间域复杂的卷积可以用频率域中简单的乘法实现更快速的计算。

频率域增强方法首先将空间域图像 $f(x,y)$ 通过傅里叶变换为频率域图像 $F(u,v)$,然后选择合适的滤波器 $H(u,v)$ 对 $F(u,v)$ 的频谱成分进行增强,得到图像 $G(u,v)$,再经过傅里叶逆变换将 $G(u,v)$ 变换回空间域,得到增强后的图像 $g(x,y)$。

一、快速傅里叶变换

傅里叶变换是在图像灰度变化的频率域中的变换,它是利用不同的振幅、不同的频率和周期的正弦和余弦曲线上的值,组合图像上每个可能的空间频率。当一幅图像被分解成频

率域空间成分后，就可以将其显示在一个二维的散点图上，这个图称为傅里叶谱（见图5-10）。

图5-10　遥感图像（左）及其傅里叶谱（右）

二、频率域平滑

由于图像上的噪声主要集中在高频部分，为了去除噪声，改善图像质量，采用的滤波器$H(u,v)$必须削弱或抑制高频部分而保留低频部分，这种滤波器称为低通滤波器。应用它可以达到平滑图像的目的。

三、频率域锐化

为了突出图像的边缘和轮廓，采用高通滤波器让高频成分通过，阻止或削弱低频成分，达到图像锐化的目的。

第三节　彩色增强

人的眼睛对灰度级的分辨能力较差，正常人的眼睛只能够分辨20级左右的灰度级，而对彩色的分辨能力却远远大于对灰度级的分辨能力，达到100多种。因此，将灰度图像变为彩色图像以及进行各种彩色变换可以明显改善图像的可视性。以下主要介绍几种常用的彩色增强方法。

一、伪彩色增强

伪彩色增强是把一幅黑白图像的不同灰度按一定的函数关系变换成彩色，得到一幅彩色图像的方法。密度分割法是对单波段黑白遥感图像按灰度分层，对每层赋予不同的色彩，使之变为一幅彩色图像，它是伪彩色增强中最简单的方法。如图5-11所示，这是一幅色调（灰阶）连续变化的黑白图像，肉眼很难将其影像划分出界线，可采用密度分割法将其连续变化的色调等密度地分成几个可识别的密度区间。密度分割法原理如图 5-12 所示。

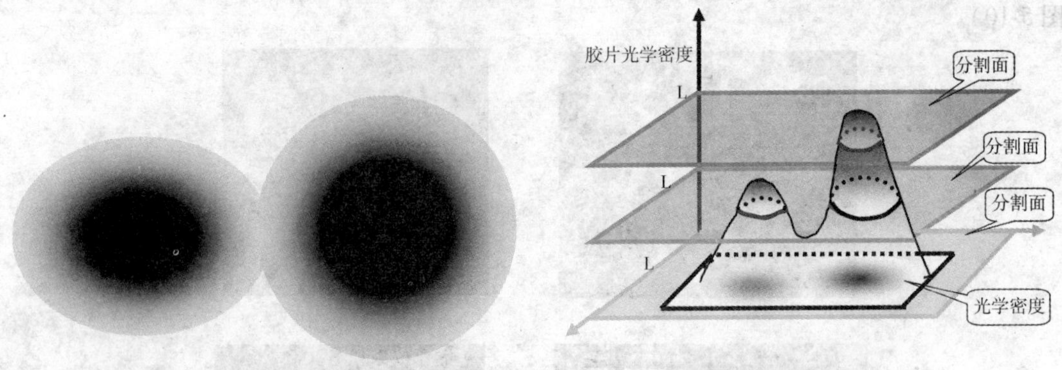

图 5-11　灰阶连续变化的黑白图像

图 5-12　密度分割法原理

密度分割中,彩色是人为赋予的,与地物的真正彩色毫无关系,因此也称伪彩色。黑白图像经过密度分割后,图像的可分辨率得到明显提高(见图 5-13)。

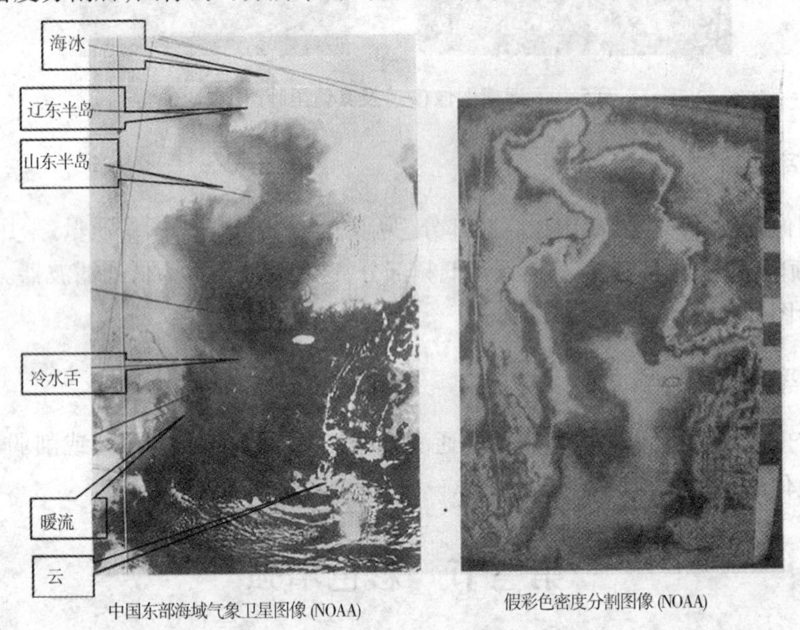

图 5-13　密度分割图像示例

二、假彩色增强

假彩色增强是彩色增强中最常用的一种方法。与伪彩色增强不同,假彩色增强处理的对象是同一景物的多光谱图像。计算机显示器的彩色显示系统基于的原理是三原色加色法合成原理。因此,对于多波段遥感图像,选择其中的某 3 个波段,分别赋予红、绿、蓝 3 种原色,即可在屏幕上合成彩色图像。由于 3 个波段原色的选择是根据增强目的决定的,与原来波段的真实颜色不同,因此合成的彩色图像并不表示地物真实的颜色,这种合成称为假彩色合成。

多波段影像合成时,方案的选择十分重要,它决定了彩色影像能否显示较丰富的地物信息或突出某一方面的信息。以陆地卫星 Landsat TM 影像为例，TM 的 7 个波段中，2 波段是绿色波段（0.52～0.60 μm），4 波段是近红外波段（0.76～0.90 μm），当 4、3、2 波段被分别赋予红色、绿色、蓝色，即绿波段赋蓝色、红波段赋绿色、近红外波段赋红色时，这一合成方案被称为标准假彩色合成，是一种最常用的合成方案（见图 5-14、图 5-15）。

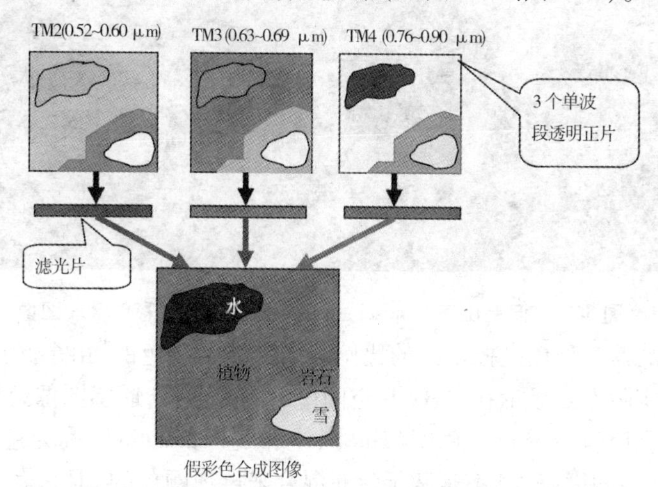

图 5-14 假彩色合成图像的成像过程

图 5-15 旧金山湾 Landsat－5 的 TM 多波段假彩色合成图像

实际应用时，应根据不同的应用目的，经试验、分析，寻找最佳合成方案，以达到最好的目视效果。通常，以合成后的信息量最大和波段之间的信息相关度最小作为选取合成的最佳目标，例如，将 TM 图像的 4、5、3 波段依次赋予红色、绿色、蓝色进行合成，可以突出较丰富的信息，包括水体、城区、山区、平原及线性特征等，有时这一合成方案甚至优于标准的 4、3、2 波段的假彩色合成方案。

将 TM 图像的 3、2、1 波段分别赋予红色、绿色、蓝色，由于赋予的颜色与原波段的颜色相同，可以得到近似的真彩色合成图像（见图 5-16）。这种图像接近于彩色图像，在多光谱图像分析判读中很少使用。

三、彩色变换

由上述可知，计算机彩色显示器的显示系统采用的是 RGB 色彩模型，即图像中的每个

图 5-16　旧金山湾 Landsat－5 的 TM 多波段真彩色合成图像

像素是通过红、绿、蓝 3 种色光按不同的比例组合来显示颜色的，由多光谱图像的 3 个波段合成的彩色图像实际上是显示在 R、G、B 空间中。除此之外，遥感图像处理系统中还经常会采用 IHS 模型。亮度（Intensity）、色度（Hue）、饱和度（Saturation）称为色彩的三要素，I（亮度）、H（色度）、S（饱和度）模型不是基于色光混合来再现颜色的，但它表示的彩色与人眼看到的更为接近。RGB 和 IHS 两种色彩模式可以相互转换，有些处理在某个彩色系统中可能更方便。

第四节　ERDAS IMAGINE 遥感图像增强处理实践

一、辐射增强处理

图像辐射增强处理是对单个像元的灰度值进行变换以达到图像增强的目的。ERDAS IMAGINE提供的辐射增强处理功能主要有查找表拉伸（LUT Stretch）、直方图均衡化（Histogram Equalization）、直方图匹配（Histogram Match）、亮度反转（Brightness Inverse）、去霾处理（Haze Reduction）、降噪处理（Noise Reduction）、去条带处理（Destripe TM Data）。下面以查找表拉伸为例进行介绍。

查找表拉伸是遥感图像对比度拉伸的总和，是通过修改图像查找表使输出图像值发生变化。根据对查找表的定义，可以实现线性拉伸、分段线性拉伸和非线性拉伸等处理。菜单中的查找表拉伸功能是由空间模型（LUT_stretch. gmd）支持运行的，可以根据需要随时修改查找表（在“LUT Stretch”对话框中单击“View”按钮进入模型生成器窗口，双击查找表进入编辑状态），实现遥感图像的查找表拉伸。

在 ERDAS IMAGINE 图标面板菜单条，单击 Main →Image Interpreter→ Radiometric Enhancement →LUT Stretch，或在 ERDAS IMAGINE 图标面板工具条，单击 Interpreter 图标 → Spatial Enhancement→LUT Stretch 命令，打开“LUT Stretch”对话框（见图 5-17）。

在“LUT Stretch”对话框中，需要设置下列参数：

（1）确定输入文件（Input File）为 mobbay. img。

（2）确定输出文件（Output File）为 stretch. img。

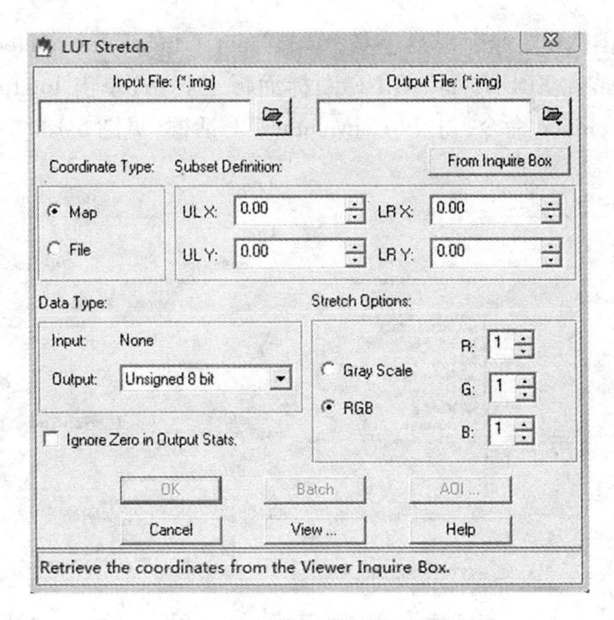

图 5-17 "LUT Stretch"对话框

(3)确定文件坐标类型(Coordinate Type)为 File。

(4)确定处理范围(Subset Definition),在 ULX/ULY、LRX/LRY 微调框中输入需要的数值。

(5)确定输出数据类型(Output)为 Unsigned 8 bit。

(6)确定拉伸选择(Stretch Options)为 RGB(多波段图像、红绿蓝)或 Gray Scale(单波段图像)。

(7)单击"View"按钮,打开模型生成器窗口,浏览 Stretch 功能的空间模型。

(8)双击 Custom Table,进入查找表编辑状态,根据需要修改查找表。

(9)单击"OK"按钮,并退出查找表编辑状态。

(10)单击 File → Close ALL 命令。

(11)单击"OK"按钮,执行拉伸处理。

二、图像空间增强处理

图像空间增强处理是利用像元自身及其周围像元的灰度值进行运算,以达到增强整个图像的目的。ERDAS IMAGINE 提供的空间增强处理功能主要有卷积增强(Convolution)、非定向边缘增强(Non - direction Edge)、聚焦分析(Focal Analysis)、纹理分析(Texture)、自适应滤波(Adaptive Filter)、统计滤波(Statistical Filter)、分辨率融合(Resolution Merge)和锐化处理(Crisp)。下面以卷积增强为例进行介绍。

卷积增强是将整个图像按照像元分块进行平均处理,用于改变图像的空间频率特征。卷积增强处理的关键是卷积算子——系数矩阵的选择,该系数矩阵又称为卷积核。ERDAS IMAGINE 将常用的卷积算子放在一个名为 default. klb 的文件中,分为 3 ×3、5 ×5 和 7 ×7 三组,每组又包括边缘检测(Edge Detect)、边缘增强(Edge Enhance)、低通滤波(Low Pass)、高通滤波(High Pass)、水平增强(Horizontal)和垂直增强(Vertical/Summary)等多种不同的处理方式。具体的执行过程如下:

在 ERDAS IMAGINE 图标面板菜单条,单击 Main | Image Interpreter | Spatial Enhancement | Convolution,或在 ERDAS IMAGINE 图标面板工具条,单击 Interpreter 图标 | Spatial Enhancement | Convolution 命令,打开“Convolution”对话框(见图 5-18)。

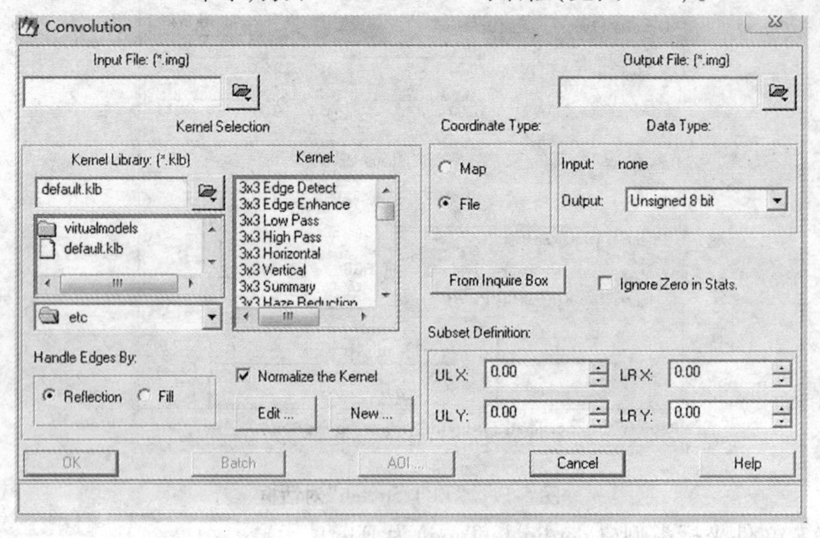

图 5-18 “Convolution”对话框

在“Convolution”对话框中,需要设置下列参数:

(1)确定输入文件(Input File)为 lanier. img。

(2)确定输出文件(Output File)为 convolution. img。

(3)选择卷积算子(Kernel Selection)。

(4)确定卷积算子文件(Kernel Library)为 default. klb。

(5)确定卷积算子类型(Kernel)为 5 ×5Edge Detect。

(6)确定边缘处理方法(Handle Edges By)为 Reflection。

(7)进行卷积归一化处理,选中 Normalize the Kernel 复选框。

(8)确定文件坐标类型(Coordinate Type)为 File。

(9)确定输出数据类型(Output)为 Unsigned 8 bit。

(10)单击“OK”按钮,执行卷积增强处理。

三、傅里叶变换

傅里叶变换(Fourier Analysis)是首先把遥感图像从空间域转换到频率域,然后在频率域上对图像进行滤波处理,减少或消除周期性噪声,再把图像从频率域转换到空间域,达到增强图像的目的。ERDAS IMAGINE 提供的傅里叶变换处理命令主要有傅里叶变换、傅里叶变换编辑(Fourier Transform Editor)、傅里叶逆变换(Inverse Fourier Transform)、傅里叶显示变换(Fourier Magnitude)、周期噪声去除(Periodic Noise Removal)和同态滤波(Homomorphic Filter)。下面以傅里叶变换为例进行介绍。

在 ERDAS IMAGINE 图标面板菜单条,单击 Main | Image Interpreter | Fourier Analysis | Fourier Transform,或在 ERDAS IMAGINE 图标面板工具条,单击 Interpreter 图标 | Fourier Analysis | Fourier Transform 命令,打开“Fourier Transform”对话框(见图 5-19)。

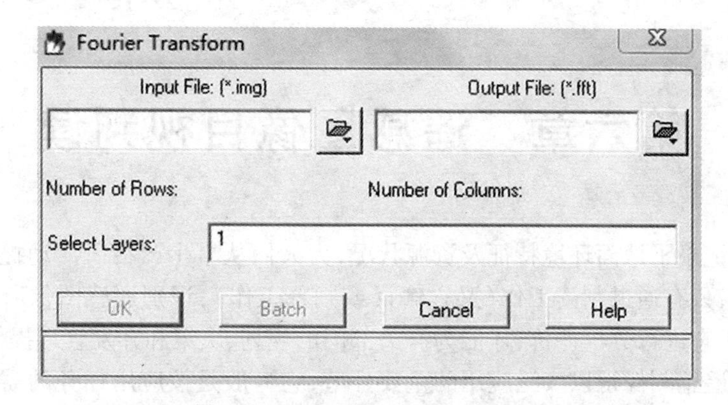

图 5-19 “Fourier Transform”对话框

在“Fourier Transform”对话框中,需要设置下列参数:

(1)确定输入文件(Input File)为 tm_1. img。

(2)确定输出文件(Output File)为 tm_1. fft。

(3)波段变换选择(Select Layers)为 1 ~7(从 1 波段到 7 波段)。

(4)单击“OK”按钮,执行快速傅里叶变换。

习 题

1. 图像增强的主要目的是什么? 它包含的主要内容有哪些?

2. 什么叫线性拉伸和分段线性拉伸,其作用有哪些?

3. 什么是图像平滑? 简述均值平滑与中值滤波的区别。

4. 图 5-20 为数字图像,亮度值普遍在 10 以下,只有两个像元出现值为 15 的高亮度(噪声),采用模板为 3×3,利用均值平滑的方法,求出新的图像。

$$\begin{bmatrix} \frac{1}{9} & \frac{1}{9} & \frac{1}{9} \\ \frac{1}{9} & \frac{1}{9} & \frac{1}{9} \\ \frac{1}{9} & \frac{1}{9} & \frac{1}{9} \end{bmatrix}$$

4	3	7	6	8
2	15	8	9	9
5	8	9	13	10
7	9	12	15	11
8	11	10	14	13

图 5-20 习题 4 数字图像

注意:计算前原图像的左右上下各加一行或一列,亮度与相邻亮度值相同,然后计算。

5. 什么叫多波段假彩色合成?

6. 假彩色增强的基本原理是什么?

第六章　遥感图像目视判读

遥感图像记录了地面环境特征及资源状况,为人们从事生产科研活动提供了大量有价值的原始资料,只有通过判读工作(又称解译或判释工作),识别遥感图像所记录的各种物体的内容,并对它进行分析评价,才能为有关部门的规划、决策和开发管理提供依据。因此,判读工作是使遥感图像得以广泛应用的重要环节,它一般是按应用任务的需要而分专业进行的,例如地质判读、土壤判读、植被判读和军事判读等。

用肉眼或借助立体镜、放大镜和光学－电子学仪器来观察和分析遥感图像,称为目视判读。它既是原始的也是最基本的一种判读方法。目视判读人员要熟悉各种遥感图像的影像特性,掌握影像的判读标志,并具有有关专业工作的实践经验,才能取得良好的判读成果。判读时要十分注意各种地物的光谱特性及其随时间和空间条件而变化的情况,还应收集研究地区的有关资料,以供判读参考。

目视判读的优点是简便易行。对于在室内判读不能确认的地物,可以到野外去对照实地判读。与常规的地面工作以及航空目测方法相比较,像片目视判读的好处是使研究者有充分的时间对研究对象进行细致的观测和分析,并可利用不同时间的像片,观察地物的动态变化。目视判读方法的缺点是受肉眼的分辨能力和人的经验所限制。

除这种传统的目视判读方法外,各种图像增强技术的发展,能使要研究的各种地物目标较鲜明地突现出来,从而大大提高目视判读的效果。应用电子计算机进行图像自动识别,使遥感资料的应用提高到一个新的水平。与光学处理和人工判读相比,计算机自动分类技术的主要优点是速度快,同时能准确地测算出各类型的面积,更适合于研究快速的环境变化和进行动态监测。但计算机分类的类别有的往往不如目视判读详细,其自动识别的成果仍需专业人员加以目视鉴定,并以人机对话的方式加以调整或修正。

第一节　目视判读原理

一、遥感成像与目视判读

遥感的成像过程是将地物的电磁辐射特性或地物波谱特性,用不同的成像方式(摄影、光电扫描、雷达成像)生成各种影像。一般来说,当选定时间、位置、成像方式、探测波段后,成像过程获得的像元与相应的地面单元一一对应。遥感图像是探测目标地物综合信息的最直观、最丰富的载体,人们运用丰富的专业背景知识,通过肉眼观察,经过综合分析、逻辑推理、验证检查把这些信息提取和解析出来的过程叫目视判读。如图 6-1 所示,目视判读即为遥感成像的逆过程。

二、目视判读标志

遥感图像目视判读是依据图像特征进行的,这些图像特征即为图像的判读标志。它分

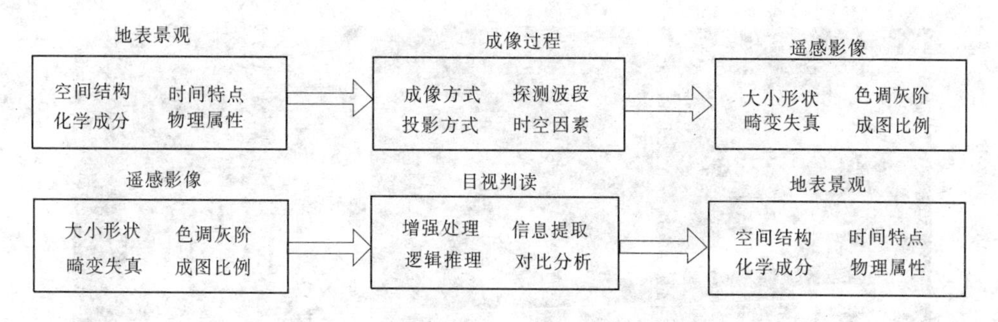

图 6-1　遥感成像与目视判读过程

直接判读标志和间接判读标志两类。

(一)直接判读标志

直接判读标志是地物本身属性在图像上的反映,即凭借图像特征能直接确定地物的属性。如形状、大小、颜色、色调、阴影、位置、图案、纹理等。

形状:地面物体都具有一定的几何形态,根据像片上物体特有的形态特征可以判断和识别目标地物(见图 6-2)。我们知道,同种物体在图像上有相同的灰度特征,这些同灰度的像元在图像上的分布就构成与物体相似的形状。物体的形状与物体本身的性质和形成有密切关系。随图像比例尺的变化,形状的含义也不同。一般情况下,大比例尺图像上所代表的是物体本身的几何形状,而小比例尺图像上则表示同类物体的分布形状。例如一个居民地,在大比例尺图像上可看出每幢房屋的平面几何形状,而在小比例尺图像上则只能看出整个居民地房屋集中分布的外围轮廓。

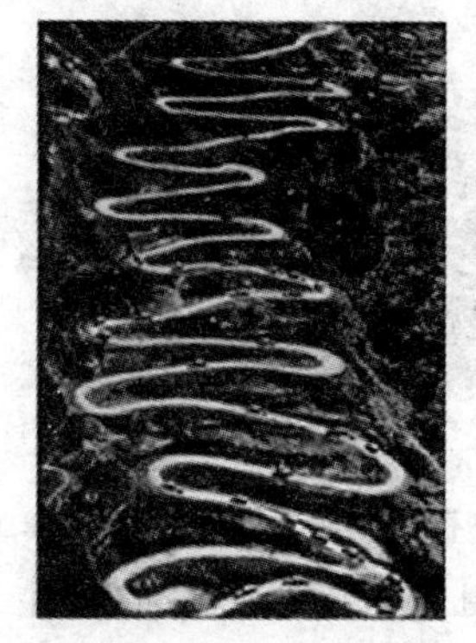
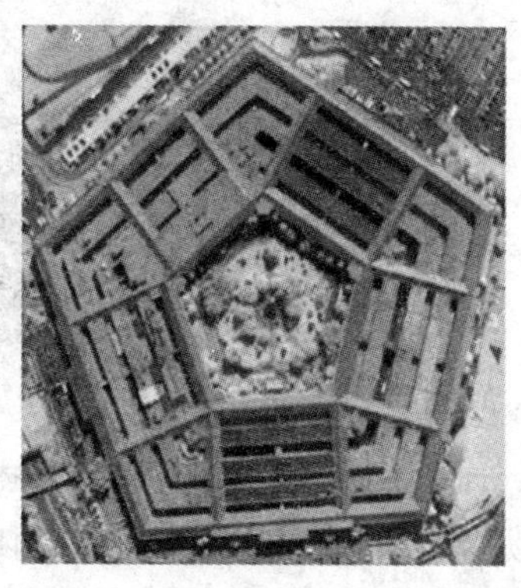

图 6-2　形状(飞机、盘山公路、建筑物)

大小:是地物的尺寸、面积、体积在图像上按比例缩小后的相似性记录(见图 6-3)。在不知道像片比例尺时,比较两个物体的相对大小有助于我们识别它们的性质,例如房屋和楼房的大小不同,单车道和多车道的街道宽度不同。如果知道了像片的比例尺,根据比例尺的大小可以计算或估算出图像上物体所对应的实际大小,也可以利用已知目标地物在像片上的尺寸来比较其他待识别的目标。影响图像上物体大小的因素有地面分辨率、物体本身亮度与周围亮度的对比关系等。

颜色:是彩色遥感图像中目标地物识别的基本标志。日常生活中目标地物的颜色是地物在可见光波段对入射光选择性吸收与反射在人眼中的主观感受。遥感图像中目标地物的颜色是地物在不同波段中反射或发射电磁辐射能量差异的综合反映。颜色的差别反映了地

图 6-3　大小(小汽车、火车、卡车和建筑物)

物间的细小差别,为细心的判读人员提供更多的信息。特别是多波段彩色合成图像的判读,判读人员往往依据颜色的差别来确定地物与地物间或地物与背景间的边缘线,从而区分各类物体。

色调:是人眼对图像灰度大小的生理感受。人眼不能确切地分辨出灰度值,只能感受其大小的变化,灰度大者色调深,灰度小者色调浅。色调是地物电磁辐射能量大小和地物波谱特征的综合反映。同一地物在不同波段的图像上存在色调差异,在同一波段的影像上,由于成像时间和季节的差异,即使同一地区同一地物的色调也会不同。目标地物与背景之间必须存在能被人的视觉所分辨出的色调差异,目标地物才能够被区分。图 6-4 为红树林在绿、红、近红外波段图像上的色调特征。

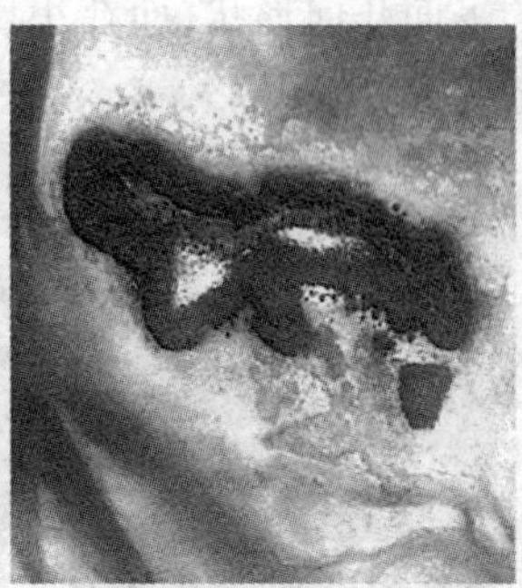
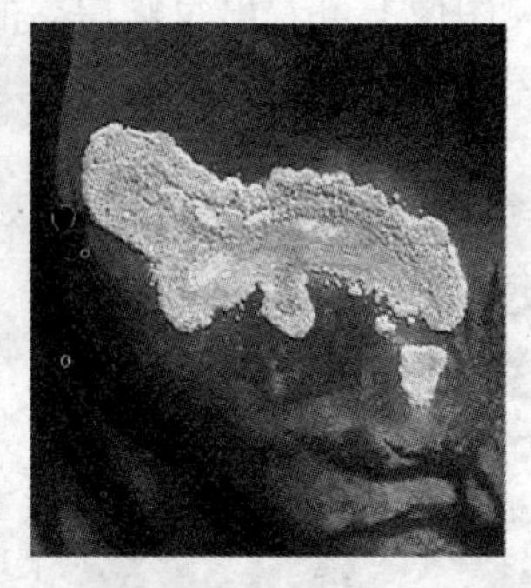

图 6-4　红树林在绿、红、近红外波段图像上的色调特征

阴影:由于地物高度的变化,阻挡太阳光照射而产生了阴影(见图 6-5)。根据阴影形状、大小可判读物体的性质或高度,如航空像片判读时利用阴影可以了解铁塔及高层建筑物等的高度及结构。阴影会对目视判读产生相互矛盾的影响。一方面,人们可以利用阴影的立体感,判读地形地貌特征。在大比例尺图像上,还可利用阴影判读物体的侧视图形,按落影的长度和成像时间的太阳高度角量测物体的高度、单株树木的干粗等。另一方面,阴影区中的物体不易判读,甚至根本无法判读。

位置:指地物存在的地点和所处的环境(见图 6-6)。目标地物与其周围地理环境总是存在着一定的空间联系,因而它是判断地物属性的重要标志。例如桥梁与水系、居民地与道路、土质与植被,地貌与地质等。

图案:指目标地物有规律地组合排列而形成的图案(见图 6-7)。它可以反映各种人造地物和天然地物的特征,如农田的垄、果树林排列整齐的树冠等,各种水系类型、植被类型、耕地类型等也都有其独特的图形结构。

图 6-5 阴影(金字塔和桥梁)

图 6-6 位置(水电站和核电站)

图 6-7 图案(飞机场、稻田、河滩)

纹理:指图像上细部结构以一定频率重复出现,是单一特征的集合(见图 6-8)。组成纹理的最小细部结构称为纹理基元,纹理反映了图像上目标地物表面的质感。纹理特征有光滑的、波纹的、斑纹的、线性的和不规则的等。如航空像片上农田呈现条带状纹理,草地及牧场看上去像天鹅绒样平滑,阔叶林看上去呈现粗糙的簇状特征。纹理可以作为区别地物属件的重要依据。

(二)间接判读标志

判读时除运用上述直接判读标志外,还应充分利用反映事物之间相互关系的各种间接判读标志。间接判读标志是指根据地物间相互的内在联系以及相关关系,通过分析推断来

图 6-8　纹理

辨认地物的那些影像特征。它是通过与之有联系的其他地物在图像上反映出来的特征，推断地物的类别属性。例如不同的植物群落具有不同的生态环境，有时可以通过判读地形（如沼泽、沙地、平原、丘陵、山地、高山等）来粗略推断植被类型。又如从地貌特征可推断分析出相应的土壤属性及特征，影像上所反映出的地貌影像特征，即可作为土壤判读的间接判读标志。在像片上泉水的影像呈线状排列分布，依照泉水与地质断层的内在联系，即可推断出此地段有隐伏断层的存在，呈线状排列分布的泉水影像特征即成为识别断层的间接判读标志。实际工作中，间接判读标志与直接判读标志不是独立分开的，而只是相对的概念，既有区别又有联系，常因判读对象不同而相互转化。图 6-9 为利用间接判读标志识别地物的示例。

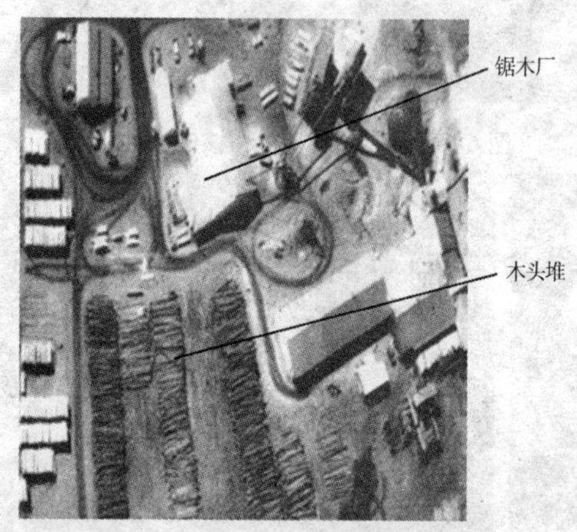

图 6-9　一个锯木厂和它周围堆积的木头

（三）一般地物的判读

航空像片和卫星影像都可以通过目视判读来解译，方法是使用不同地物的判读标志，确定影像对应的地物。

一般地物，如水体、城市、道路、农业用地、林地等的判读标志主要是影像的形状和色调特征，如表 6-1 所示。

1. 居民地的判读

居民地多为矩形和较规则的几何图形的组合，影像色调取决于该居民地建筑物屋顶的材料性质，若为混凝土屋顶，色调为浅白色；若为砖瓦屋顶，红瓦色调比青灰瓦要浅。

城市居民地特点是街道网规则，房屋高大，往往有公园、车站、广场等公共建筑物，并有较多的工厂、仓库、烟囱等地物。

农村居民地特点是房屋周围常有果园、草地、鱼塘,房屋比较分散和矮小,山区农村居民地往往都在山谷洼地较平坦的靠近水源的地方。

表 6-1 一般地物的判读标志

类型	形状特征	色调特征
河流	常为界限明显、自然弯曲、宽窄不一的带状,上面常有堤坝、桥梁等人工建筑	河水比较浑浊或水较浅,则色调较浅;河水清澈或水较深,则色调较深
湖泊	湖岸呈自然弯曲的闭合曲线,轮廓明显	常为均匀的深色调
城市	钢筋水泥结构的房屋排列较规则整齐,砖木结构的房屋排列不很规则	钢筋水泥结构的房屋色调多为浅灰,砖木结构的房屋色调多为深灰
道路	一般呈线状延伸,道路间有交叉点	色调从浅灰到深灰,简易公路多为沙石路面,色调较浅,沥青路面呈深灰色
农业用地	常被道路分隔为一个个长方形	在假彩色合成影像上,农业用地呈现红到深红的颜色
林地	常可以观察到高大树木投下的阴影	在假彩色合成影像上,林地呈现红到深红的颜色

2. 道路网的判读

道路可分为铁路、公路、机耕路、小路等。铁路影像呈灰黑色带状,弯曲半径很大,多数路线平直,并有交叉道、车站及附属建筑物,在立体镜下观察有路基。公路坚实而对光反射能力较强,呈白色或浅色调,但沥青路面呈灰色带状,和铁路比较,转弯处半径要小一些,立体镜下往往发现有排水沟和行道树。农村的机耕路、乡间小路,通常不规则,宽度也不等,干燥时,影像呈白色细带状;雨后含水量大时,可能影像要暗一些,呈灰色的细带状。

3. 水系的判读

河流影像呈黑色或深灰色,通常水愈深色调愈黑,河边往往因为有白色的沙地而反光能力强,影像呈白色,有些河流在立体镜下可观察到。水渠呈直线而整齐的暗色调,没有水的干渠道影像呈灰白色。

4. 农业用地和森林的判读

耕地一般为方形,有田埂及小路。水稻田影像色调较深;旱地色调浅;沙土呈白色;梯田有它特有的几何形状。农田色调随农作物生长情况而变化。森林为有轮廓的深暗色图形,色调不均匀,呈现颗粒影像。

(四)应用判读标志应注意的问题

上述判读标志是遥感图像目视判读中经常用到的基本标志。由于遥感图像种类较多,投影性质、波谱特征、色调色彩和比例尺等存在差异,故利用上述判读标志时应区分不同遥感图像的特点,在具体应用时必须注意一些问题。

1. 彩色红外图像

这种像片上的色彩与自然景物的色彩不同。从地物反射辐射的光谱特性曲线可知,健康的植物是绿色的,由于它大量地反射近红外辐射,像片上的影像呈红色或品红色。有病虫害的植物,由于降低了红外反射,像片上的影像呈现暗红色或黑色。水体由于对红外辐射有较高的吸收性,像片上的影像呈现蓝色 – 暗蓝色或黑色。而沙土由于对绿光或红外光谱波段没有明显的选择反射，像片上的影像呈白色或灰白色。彩色红外图像如图 6-10 所示。

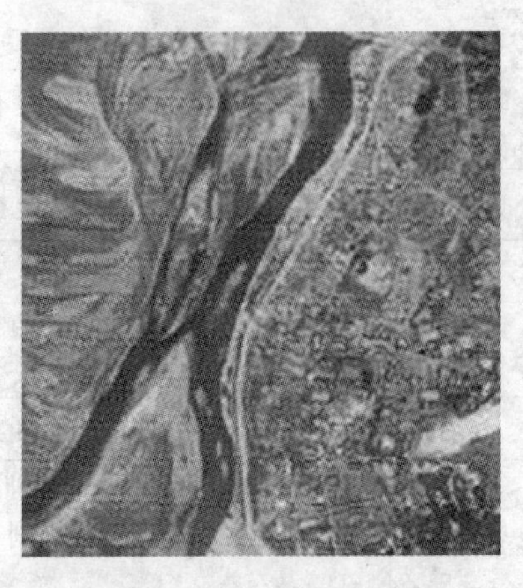

图 6-10　彩色红外图像

2. 多光谱图像中的单波段图像

多光谱图像中的单波段图像（MSS 有 4 个单波段图像）本身就是地物反射辐射强弱的反映。例如水体，由于红外辐射很弱，所以它在 MSS－7 波段上的影像呈现深色调，而在 MSS－4 和 MSS－5 波段上其色调就相对地浅一些。绿色植物的红外辐射较强，它在MSS－7 波段上的影像色调较浅，而在 MSS－4 和 MSS－5 波段上色调就相对地深一些。

多光谱图像是指对地物辐射中多个单波段进行获取而得到的图像，其中的单波段图像本身就是地物反射辐射强弱的反映。对各个不同的波段分别赋予 RGB 颜色将得到彩色影像。如图 6-11 所示，图(a)为多光谱图像，图(b)、图(c)、图(d)为其中的单波段图像。波段 1：对水体有较强的透视能力，对叶绿素和叶色素浓度敏感，用于区分土壤与植被、落叶林与针叶林。波段 2：对无病害植物叶绿素反射敏感，对水的穿透力较强，用于区分林型、树种和反映水下特征等。波段 3：用于测量生物量和作物长势，区分植被类型，绘制水体边界，探测水中生物的含量和土壤湿度。

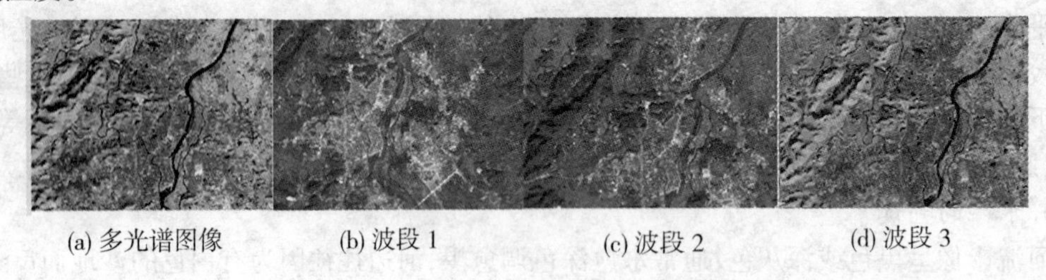

(a) 多光谱图像　(b) 波段 1　(c) 波段 2　(d) 波段 3

图 6-11　多光谱图像及其中的单波段图像

3. 假彩色合成图像

这种像片本身就是根据判读对象和要求，以突出判读内容为目的的像片，其影像色彩都是人为合成的。因此，应用这种像片判读，必须了解假彩色合成图像生成的机制，以便建立起景物色彩与影像色彩相对应的判读标志。图 6-12 为印度珊瑚海假彩色合成图像。

图 6-12　印度珊瑚海假彩色合成图像

4. 热红外图像

这种像片的影像形状、大小和色调（或色彩）与地物的发射辐射有关，地物发射辐射能与绝对温度有关，同一性质的物体（如冷水和热水），由于温度不同，其影像色调（或色彩）也不同。影像的形状和大小只能说明物体热辐射的空间分布，不能反映物体真实的形状和大小。例如起飞后飞机尾部排出热辐射的影像形状和大小就不是飞机的真正形状和大小。图 6-13 为辽东湾赤潮发生区域热红外图像。

5. 雷达图像

图 6-13　辽东湾赤潮发生区域热红外图像

雷达图像是多中心斜距投影的侧视图像，具有与其他遥感图像不同的一些特点。这些特点主要是：图像比例尺的变化使图像产生明显的失真，如一块正方形的农田会变成菱形；雷达图像具有透视收缩的特点，即在图像上量得地面斜坡的长度比实际长度要短；当雷达波束俯角与高出地面目标的坡度角之和大于 90°时，雷达图像将产生叠掩现象，即相对于飞行器的前景将出现在后景之后，如广场上一旗杆，在雷达图像上表现为顶在前、根在后的一小线段，这与航空摄影中旗杆的影像正好相反；此外，在雷达图像上还会出现雷达阴影，即雷达波束受目标阻挡时，由于目标背面无雷达反射波而出现暗区。雷达图像的上述特点在目视判读中必须予以充分注意。图 6-14 为侧视雷达影像。

图 6-14　侧视雷达影像

此外，在应用判读标志时，还必须注意图像的投影性质。中心投影的图像是按一定比例尺缩小了地面景物，影像与地物具有相似性。MSS 和 TM 扫描图像是多中心动态投影，其图像具有"全景畸变"，随扫描角的增大，图像比例尺逐渐缩小，边缘的图像变形十分突出。当应用这种未经几何校正的图像判读时，就不能机械地使用形状和大小的标志。

第二节　目视判读的原则与方法及基本步骤

一、目视判读的原则与方法

（一）图像判读的原则

遥感影像目视判读的一般顺序是先宏观后微观，先整体后局部；先已知后未知，先易后难等。例如，在中小比例尺像片上通常首先判读水系，确定水系的位置和流向，其次根据水系确定分水岭的位置，区分流域范围，然后判读大片农田的位置、居民点的分布和交通道路。在此基础上，再进行地质、地貌等专门要素的判读。

图像判读时，一般应遵循以下原则：

（1）总体观察。从整体到局部对遥感图像进行观察。

（2）综合分析。应用航空和卫星图像、地形图及数理统计等手段，参考前人调查资料，结合地面实况调查和地学相关分析方法进行图像判读标志的综合分析，使判读出的界线和类型的结论具有唯一性、可靠性。

(3)对比分析。采用不同平台、不同比例尺、不同时相、不同太阳高度角以及不同波段或不同方式组合的图像进行对比研究。

(4)观察方法正确。需要进行宏观观察的地方尽量采用卫星图像,需要进行细部观察的地方尽量采用具有细部影像的航空像片,以解决图像上“见而不识”的问题。

(5)尊重图像的客观实际。图像判读标志虽然具有地域性和可变性,但图像判读标志间的相关性却是存在的,因此应依据影像特征作解译。

(6)解译耐心认真。不能单纯依据图像上几种判读标志草率下结论,而应该耐心认真地观察图像上各种微小变异。

(7)重点分析。有重要意义的地段,要抽取若干典型区进行详细的测量调查,达到“从点到面”及印证解译结果的目的。

(二)图像判读的基本方法

图像判读的基本方法是由宏观至微观、由浅入深、由已知到未知、由易到难,逐步展开。按照分析推理的观点一般有如下方法:

(1)直接判读法。根据判读标志,直接识别地物属性与范围。使用的直接判读标志有色调、色彩、大小、形状、阴影、纹理、图案等。

(2)对比分析法。由于地物在不同时相、不同波段、不同传感器的影像中的表现形式不同,利用典型样片或多时相、多光谱的像片和彩色像片,进行对比分析判读。通过与典型样片图像的分析对比,解译出目标类别。例如同类地物对比分析法、空间对比分析法、时相动态对比法。同类地物对比分析法是在同一景遥感影像图上,由已知地物推出未知目标地物的方法。空间对比分析法是根据待判读区域的特点,判读者选择另一个熟悉的与遥感图像区域特征类似的影像,将两个影像相互对比分析,由已知影像为依据判读未知影像的一种方法。时相动态对比法是利用同一地区不同时间成像的遥感影像加以对比分析,了解同一目标地物动态变化的一种解译方法。

(3)信息复合法。利用透明专题图或透明地形图与遥感图像复合,根据专题图或者地形图提供的多种辅助信息,识别遥感图像上目标地物。

(4)综合推理法。综合考虑遥感图像多种解译特征,结合生活常识,分析推断某种目标地物。例如,铁道延伸到大山脚下突然中断,可以推断有铁路隧道通过山中。

(5)地理相关分析法。根据地理环境中各种地理要素之间的相互依存、相互制约的关系,借助专业知识,分析推断某种地理要素性质、类型、状况与分布。例如桥梁与河流共存,码头都建在河流和湖泊边上,飞机在机场上等。

上述各种判读方法在具体运用中不可能完全分隔开,而是交错在一起,只能是在某一解译过程中,某一方法占主导地位而已。

二、遥感影像判读的步骤

遥感影像判读可能有不同的应用目的,有的要编制专题图,有的要提取某种有用信息和进行数据估算,但判读程序基本相同。

遥感影像目视判读是一项认真细致的工作,判读人员必须遵循一定的行之有效的基本程序与步骤,才能够更好地完成判读任务。

一般认为,遥感图像目视判读分为 5 个阶段。

(一)准备工作

遥感图像反映的是地球表层信息,由于地理环境的综合性和区域性特点,以及受大气吸收与散射影响等,遥感影像有时存在同质异谱或异质同谱现象,使得遥感图像目视判读存在着一定的不确定性和多解性。为了提高目视判读质量,需要认真做好目视判读前的准备工作。一般来说,准备工作包括:明确判读任务与要求,收集与分析有关资料,根据影像的获取平台、成像方式、成像日期、季节、影像比例尺、空间分辨率等选择合适的波段与恰当时相的遥感影像,同时收集地形图和各种有关的专业图件,以及文字资料。

(二)初步判读,建立判读标志

初步判读的主要工作包括路线踏勘、制定判读对象的专业分类系统和建立判读标志。首先根据要求进行判读区的野外考察,具体了解判读对象的时空分布规律、实地存在状态、基本性质特征以及在影像上的表现形式。然后根据判读目的和专业理论,制定出判读对象的分类系统及制图单位。同时,根据影像特征,即形状、大小、阴影、颜色、色调、纹理、图案、位置等建立影像和实地目标物之间的对应关系。

(三)室内判读

根据建立的判读标志,遵循一定的判读原则和步骤,充分运用判读方法,在遥感图像上按照判读目的和精度要求进行判读。勾绘类型界限,标注地物类别,形成判读草图。

(四)野外验证与补判

室内目视判读的初步结果,需要进行野外验证,以检验目视判读的质量和判读精度。对于详细判读中出现的疑难点、难以判读的地方则需要在野外验证过程中补充判读。

(五)判读成果的转绘与制图

遥感图像目视判读成果,一般以专题图或遥感影像图的形式表现出来。将经过修改的草图审查、拼接,准确无误后着墨上色形成判读原图,然后将判读原图上的类型界限转绘到地理底图上,得到转绘草图;在转绘草图上进行地图编绘,着墨整饰后得到编绘原图;最后清绘得到符合要求的专题地图。将判读过程和野外调查、室内测量得到的所有资料整理编目,最后进行分析总结并编写说明报告。

第三节　遥感图像目视判读举例

一、土地利用判读

(一)资料的准备

为了提高目视判读质量,需要认真做好目视判读前的准备工作。一般来说,准备工作包括:明确判读任务与要求,收集与分析有关资料,选择合适波段与恰当时相的遥感图像。

(二)遥感影像的判读

判读的指标用土地利用/覆盖分类系统,采用全国二级分类系统:一级分为6个类型,主要根据土地的自然生态和利用属性;二级分为25个类型,主要根据土地经营特点、利用方式和覆盖特征。耕地根据地形特征进行了三级划分,即进一步划分为平原、丘陵、山区和大于

25°的坡地(见表6-2)。

表6-2　全国遥感监测土地利用/覆盖分类体系

一级类型		二级类型		含义
代码	名称	代码	名称	
1	耕地			指种植农作物的土地,包括熟耕地、新开荒地、休闲地、轮歇地、草田轮作地;以种植农作物为主的农果、农桑、农林用地;耕种3年以上的滩地和滩涂
		11	水田	指有水源保证和灌溉设施,在一般年景能正常灌溉,用以种植水稻、莲藕等水生农作物的耕地,包括实行水稻和旱地作物轮种的耕地
			111	山区水田
			112	丘陵水田
			113	平原水田
			114	大于25°的坡地水田
		12	旱地	指无灌溉水源及设施,靠天然降水生长作物的耕地;有水源和浇灌设施,在一般年景下能正常灌溉的旱作物耕地;以种菜为主的耕地,正常轮作的休闲地和轮歇地
			121	山区旱地
			122	丘陵旱地
			123	平原旱地
			124	大于25°的坡地旱地
2	林地			指生长乔木、灌木、竹类以及沿海红树林等林业用地
		21	有林地	指郁闭度>30%的天然林和人工林,包括用材林、经济林、防护林等成片林地
		22	灌木林	指郁闭度>40%、高度在2 m以下的矮林地和灌丛林地
		23	疏林地	指疏林地(郁闭度为10%~30%)
		24	其他林地	未成林造林地、迹地、苗圃及各类园地(果园、桑园、茶园、热作林园等)
3	草地			指以生长草本植物为主,覆盖度在5%以上的各类草地,包括以放牧为主的灌丛草地和郁闭度在10%以下的疏林草地
		31	高覆盖草地	指覆盖度>50%的天然草地、改良草地和割草地。此类草地一般水分条件较好,草被生长茂密
		32	中覆盖度草地	指覆盖度为20%~50%的天然草地和改良草地,此类草地一般水分不足,草被较稀疏
		33	低覆盖度草地	指覆盖度为5%~20%的天然草地,此类草地水分缺乏,草被稀疏,牧业利用条件差

续表 6-2

一级类型		二级类型		含义
代码	名称	代码	名称	
4	水域			指天然陆地水域和水利设施用地
		41	河渠	指天然形成或人工开挖的河流及主干渠常年水位以下的土地，人工渠包括堤岸
		42	湖泊	指天然形成的积水区常年水位以下的土地
		43	水库坑塘	指人工修建的蓄水区常年水位以下的土地
		44	永久性冰川雪地	指常年被冰川和积雪所覆盖的土地
		45	滩涂	指沿海大潮高潮位与低潮位之间的潮侵地带
		46	滩地	指河、湖水域平水期水位与洪水期水位之间的土地
5	城乡、工矿、居民用地			指城乡居民点及县镇以外的工矿、交通等用地
		51	城镇用地	指大、中、小城市及县镇以上建成区用地
		52	农村居民点	指农村居民点
		53	其他建设用地	指独立于城镇以外的厂矿、大型工业区、油田、盐场、采石场等用地、交通道路、机场及特殊用地
6	未利用土地			目前还未利用的土地，包括难利用的土地
		61	沙地	指地表为沙覆盖，植被覆盖度在5%以下的土地，包括沙漠，不包括水系中的沙滩
		62	戈壁	指地表以碎砾石为主，植被覆盖度在5%以下的土地
		63	盐碱地	指地表盐碱聚集，植被稀少，只能生长耐盐碱植物的土地
		64	沼泽地	指地势平坦低洼，排水不畅，长期潮湿，季节性积水或常积水，表层生长湿生植物的土地
		65	裸土地	指地表为土质覆盖，植被覆盖度在5%以下的土地
		66	裸岩石砾地	指地表为岩石或石砾，其覆盖度大于5%的土地
		67	其他	指其他未利用土地，包括高寒荒漠、苔原等

耕地的三级编码为：1 山地；2 丘陵；3 平原；4 大于25°的坡地（如“113”为平原水田）

（三）野外核查

1. 野外核查的目标

（1）根据各省市自然分界、人类活动的特征以及信息提取过程中遇到的问题，选择有代表性的路线修正判读过程中出现的误判，检验本次遥感判读的正确率，并对判读数据进行室内修正。

（2）通过选择有代表性的地物类型，建立遥感影像野外标志数据库。

（3）结合生态调查典型案例分析，收集能反映区域生态功能、生态问题的野外像片、录像资料，为生态环境分析、多媒体制作提供素材。

2. 核查路线选择原则

（1）根据生态系统的地域分异，全面反映调查地区的地貌、气候、植被分异以及不同人类活动强度类型。

（2）根据遥感调查采用的数据源的时相特征、技术人员判读过程中提出的意见反馈等选择地面复核的路线。

(3)可行性原则。由于野外验证受经费、人力条件等诸多因素的限制,遥感解析数据野外验证应综合考虑经济、人力条件,设计一种合理、现实的方案,保证验证工作达到预期的目的。

(4)充分考虑现有数据基础的原则。部分省市在过去已完成大量的有关野外生态信息的采集工作,可作为野外复核的重要资料。

3. 核查点位记录信息

根据生态环境遥感动态监测的要求和野外实际工作的特点,野外核查记录表应具有指标明确、填写和汇总容易、易于计算机处理等特点。记录表主要内容包括土地利用/土地覆盖调查表、土地退化状况调查表、植被覆盖变化调查表和生物多样性调查表。各个调查表的具体内容包括:测点编号、量测时间、日期、所在行政区、经度、纬度、海拔、地貌类型、全景景观类型描述、野外定点类型、图上判读类型、判读正误和野外像片编号等。

4. 核查内容

1)选择典型地物进行判读正误校验

(1)根据遥感调查选择的数据源、判读精度的要求,选择典型地物。

(2)按要求间隔选点,选择的地物类型较为齐全,避免对同一种地物重复选择,以保证抽样调查的可靠性。

(3)记录核查地物的地理位置、环境特征。

(4)拍摄地物的景观像片,要求至少拍摄全景和本地物特征各一张,拍摄时将相机设置成在数码图像上显示拍摄时间和日期。

2)地类边界准确性核查

(1)针对野外地物变化明显的地区选点,通过目标记录定位坐标和定位所在点各方位的地物类型,室内通过对影像、专题判读内容进行边界准确性评价。

(2)边界数量选择按要求进行。

5. 细小地物扣除和面积统计

对于大量未判读的要素,如农田中大量存在的小于判读标准的灌溉水渠、道路、林地、林地中的道路等,这些小的细小斑块影响着最终面积的准确率。因此,在进行面积统计时,需要将这些细小地物扣除并累加到相应的类型上。

(四)详细判读

详细判读是在所有的准备工作都完成以后,根据判读的要求,依据建立的判读标志对遥感图像进行某一个专题的分析。遥感图像室内目视判读工作有一定的步骤,总结如下:判水系,识高低;判地貌,区分山地、丘陵和平地;判居民地,分析其分布规律;判交通,了解类型、分布规律。

在判读过程中,要在透明纸上描绘判读内容,内容的描绘要求用不同的颜色、符号、图案表示不同的地理要素,并制作图例来说明这些颜色、符号、图案代表的意义。在详细判读过程中,要及时将判读中出现的疑难点、边界不清楚的地方和有待验证的问题详细记录下来,在野外验证过程中补充判读。

(五)遥感判读制图

遥感图像目视判读成果是以专题图或遥感影像图的形式表现出来的。有手工转绘成图和在精确几何基础的地理地图上采用转绘仪进行转绘成图两种方法。

二、常见遥感扫描影像的判读

(一) MSS 影像目视解译

MSS 影像为多光谱扫描仪(MultiSpectral Scanner,简称 MSS)获取的影像,它具有 4 个波段,2 个波段为可见光波段,2 个波段为近红外波段。第一颗至第三颗地球卫星(Landsat)上,反束光导管(RBV)摄像机获取的三个波段摄影像片分别称为第 1、2、3 波段,多光谱扫描仪获取的扫描影像按顺序分别称为第 4、5、6、7 波段。此外,第三颗地球卫星(Landsat)上还提供热红外波段影像,这个波段称为第 8 波段。热红外波段使用不久,就因仪器操作上的问题而关闭了,因此 Landsat 提供的热红外波段影像并不多。MSS 影像主要应用范围如表 6-3 所示。图6-15 为 Landsat MSS 遥感影像。

表 6-3　MSS 影像主要应用范围

波段序号	波段名称	地面分辨率(m)	主要应用范围
4	绿色波段	79	对水体有一定的透射能力,在清洁的水体中透射深度可达 10 ~ 20 m,可以判读浅水地形和近海海水泥沙。由于植被波谱在绿色波段有一个次反射峰,可以探测健康植被在绿色波段的反射率
5	红色波段	79	可反映河口区海水团涌入淡水的情况,对海水中的泥沙流、河流中的悬浮物质与河水浑浊度反映明显,可区分沼泽地和沙地,可以利用植物绿色素吸收率进行植物分类。此外,该波段可用于城市研究,对道路、大型建筑工地、砂砾场和采矿区反映明显,在红色波段各类岩石反射波谱更容易穿过大气层被传感器接收,也可用于地质研究
6	近红外波段	79	植被在此波段有强烈反射峰,可区分健康与病虫害植被。水体在此波段上具有强烈吸收作用,水体呈暗黑色,含水量多的土壤为深色调,含水量少的土壤色调较浅,水体与湿地区分明显
7	近红外波段	79	植被在此波段有强烈反射峰,可用来测定生物量和监测作物长势,水体吸收率高,水体和湿地色调更深,海陆界线清晰。第 7 波段可用于地质研究,划分出大型地质体的边界,区分规模较大的构造形迹或岩体
8	热红外波段	240	该波段可以监测地物热辐射与水体的热污染,根据岩石与矿物的热辐射特性可以区分一些岩石与矿物,并可用于热制图

(二) TM 影像目视解译

TM 影像为专题绘图仪(Thematic Mapper,简称 TM)获取的遥感图像。从 Landsat - 4 起,陆地卫星增加了专题绘图仪。TM 在光谱分辨率、辐射分辨率和地面分辨率方面都比 MSS 有较大改进。在光谱分辨率方面,TM 采用 7 个波段来记录目标地物信息,与 MSS 相比,它增加了 3 个新波段,1 个为蓝色(蓝绿)波段,1 个为短波红外波段,1 个为热红外波段,根据 MSS 数据使用的经验与光谱适用范围研究结果,TM 在波长范围与光谱位置上都作了调整。在辐射分辨率方面,TM 采用双向扫描,改进了辐射测量精度,目标地物模拟信号经过模/数转换,以 256 级辐射亮度来描述不同地物的光谱特性,一些在 MSS 中无法探测出的

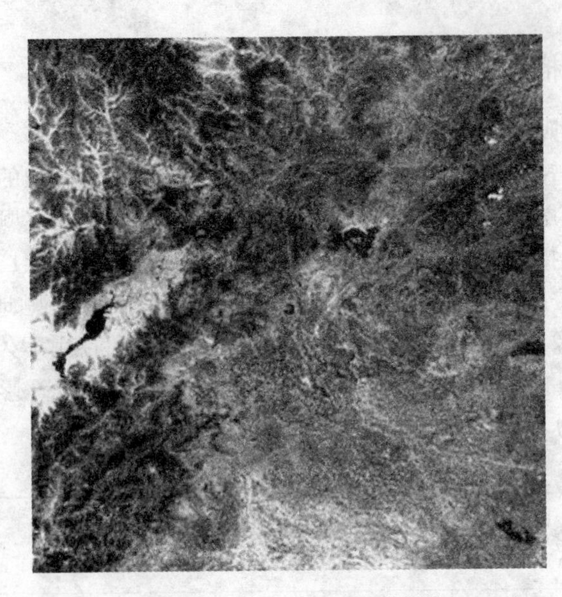

图 6-15　Landsat MSS 遥感影像

地物电磁辐射的细小变化，现在可以在 TM 波段内观测到。在地面分辨率方面，TM 瞬间视场角对应的地面分辨率为 30 m（第 6 波段除外）。1999 年 4 月 15 日发射的 Landsat－7，又增加了分辨率为 15 m 的全色波段（PAN 波段）图像，并把第 6 波段的图像分辨率从 120 m 提高到 60 m。TM 影像主要应用范围见表 6-4。

表 6-4　TM 影像主要应用范围

波段序号	波长范围（μm）	波段名称	地面分辨率（m）	主要应用范围
1	0.45～0.52	蓝色	30	对水体有一定透视能力，能够反射浅水水下特征，区分土壤和植被，编制森林类型图，区分人造地物类型
2	0.52～0.60	绿色	30	探测健康植被绿色反射率，区分植被类型和评估作物长势，区分人造地物类型，对水体有一定透射能力
3	0.63～0.69	红色	30	测量植物绿色素吸收率，并依此进行植物分类，可区分人造地物类型
4	0.76～0.90	近红外	30	测量生物量和作物长势，区分植被类型，绘制水体边界，探测水中生物的含量和土壤湿度
5	1.55～1.75	短波红外	30	探测植物含水量和土壤湿度，区别雪和云
6	10.4～12.5	热红外	60	探测地表物质自身热辐射，用于热分布制图、岩石识别和地质探矿
7	2.08～2.35	短波红外	30	探测高温辐射源，如监测森林火灾、火山活动等，区分人造地物类型
8	0.52～0.90	全色	15	适用于农业、林业和草场资源调查，土地利用制图和土地分类，城市扩展监测，地貌制图与区域构造分析，水资源与海岸资源调查等

图 6-16 为全球 TM 真彩色影像,由 8 000 多景 TM 影像合成,全部 TM 影像均为精选,无云覆盖,且全部为真彩色处理,与自然色彩十分接近。

图 6-16　全球 TM 真彩色影像

习　题

1. 什么叫做遥感图像的目视判读?
2. 什么叫直接判读标志? 其一般包括哪些内容? 何为间接判读标志?
3. 遥感目视判读的方法主要有哪些?
4. 简述遥感影像目视判读的具体步骤。

第七章　遥感图像自动识别分类

第一节　分类原理及过程

一、遥感数字图像计算机分类原理

遥感数字图像的计算机分类，是模式识别技术在遥感技术领域中的具体运用。它是以电子计算机为工具来模拟人类的感知和识别智能，是人工智能的一个分支。模式识别的关键是提取待识别模式的一组统计特征值，然后按照一定准则作出决策，从而对数字图像予以识别。遥感图像的计算机分类，就是对地球表面及其环境在遥感图像上的信息进行属性的识别和分类，从而达到识别图像信息所对应的实际地物，提取所需地物信息的目的。与遥感图像的目视判读技术相比较，它们的目的是一致的，但手段不同，目视判读是直接利用人类的自然识别智能，而计算机分类是利用计算机技术来人工模拟人类的识别功能。在遥感影像的计算机分类中，最常用的方法是基于图像数据所代表的地物光谱特征的统计模式识别法，模式识别的对象是遥感图像中的地物，所用的特征是地物的光谱特征及其表征参数。

我们知道，地物的光谱特征通常是以地物在多光谱图像上的亮度来体现的，不同的地物在同一波段上的亮度值不同，同时不同的地物在各个波段图像上亮度的呈现规律也不相同。因此，可以通过对亮度特征的选取，对特征空间的划分，达到区分不同地物的目的。一般可分为监督分类和非监督分类。监督分类为从图像上已知目标类别区域中提取数据，统计出代表总体特征的训练数据，主要是灰度和纹理等特征，然后进行分类。采用监督分类方法必须事先知道图像中包含哪几种目标类别。当图像中包含目标不明确或没有先验确定的目标时，则需要将像元先进行聚类，用聚类方法将遥感数据分割成比较均匀的数据群，把它们作为分类类别，在此类别的基础上确定其特征量，继而进行类别总体特征的测量，这种方法叫非监督分类。

二、遥感数字图像计算机分类处理的一般过程

遥感数字图像计算机分类处理的基本过程包括分类前的预处理、训练样本的选择、特征选择和特征提取、图像分类、结果检验以及分类结果输出等。

（一）分类前的预处理

为了有效地对遥感图像进行计算机判读和分类，减少原始图像数据的波段数和分类时统计运算的数据量，一般在分类之前需对原始图像进行必要的预处理。这主要包括对图像进行几何校正、辐射校正、量化、采样、滤波、增强、去噪等处理，以便获得比较清晰、对比度强、位置准确的图像，提高分类的准确性。

（二）训练样本的选择

从待处理的图像数据中抽取具有普遍性、代表性的数据作为样本。训练区域选择准确

与否,训练样本数量是否足够,关系到分类精度的高低。在监督分类中,训练样本选择最好的方法是选择几个典型区域,包含各类地物,进行实地考察,对照实地将被分类的遥感图像一一识别,并在图上标好,再到计算机上将这些数据提出。如果受客观条件的限制,可以借助地图、航片或其他专题资料进行选择。在上述资料都没有的情况下,也可以先作非监督分类,在非监督分类结果中选择训练样本。

(三)特征选择和特征提取

特征选择是从众多特征中挑选出可以参加分类运算的若干个特征,如 TM 图像波段的选择等。特征提取是在特征选择后,利用特征提取算法从原始特征中求出最能反映其类别特性的一组新特征,完成样本空间到特征空间的转换。通过特征提取既可以达到数据压缩的目的,又能提高不同类别特征之间的可区分性。

(四)图像分类

在特征选择的基础上,需要确定区分各类别的判别规则,图像分类就是根据图像的特点和分类目的而设计或选择恰当的分类器及其判别准则(常用的有距离判别函数和概率判别函数等),对特征向量集进行划分,完成分类识别工作。分类阶段是计算机处理的核心阶段。

(五)结果检验

结果检验主要是对分类的精度进行评价。进入传感器的遥感信息由于受传感器空间分辨率和光谱分辨率的限制,常常为混合的信息。有时地物本身就是混合在一起的,例如植被覆盖下的土壤,因此不存在理想的分类器,加上同物异谱、异物同谱现象的存在,错分的情况普遍存在,所以分类后必须进行检验,错分像素所占的比例越小,则分类效果越好。

(六)分类结果输出

分类结果输出包括分类结果图像的输出、分类结果的统计,例如各类地物占地面积等。

三、特征变换与特征选择

(一)特征变换

遥感图像自动识别分类主要依据地物的光谱特性,也就是传感器获取的地物在不同波段的光谱测量值。随着遥感技术的发展,获得的波段数不断增多,能够用于计算机自动分类的图像数据非常多。虽然每一种图像数据都可能包含一些可用于自动分类的信息,但就某些指定的地物分类而言,并不是全部获得的图像数据都有用。如果不加区分地将大量原始数据直接用来分类,不仅数据量太大,计算复杂,而且分类的效果也不一定好。

为了把有用的信息尽可能地集中在较少的互不相关的或各自包含不同信息的新的变量中而进行的图像分析工作,即对多波段图像在光谱特征空间进行的一些变换,叫特征变换或特征提取。它是将原始图像通过一定的数学变换生成一组新的特征图像,这一组新图像信息集中在少数几个特征图像上。特征变换的作用表现在两个方面:一方面减小了特征之间的相关性,可用尽可能少的特征来最大限度地包含所有原始数据的信息;另一方面使得待分类别之间的差异在变换后的特征中更明显,从而改善分类效果。遥感图像自动分类中常用的特征变换主要有主成分变换、哈达玛变换、比值变换、生物量指标变换及缨帽变换等。

1. 主成分变换

主成分变换也称 K－L 变换,是一种线性变换,是就均方误差最小来说的最佳正交变换，是在统计特征基础上的线性变换。对于遥感多光谱图像来说，波段之间往往存在很大的相关性，从直观上看，不同波段图像之间很相似。从信息提取角度看，有相当大的数据量是多余的、重复的。K－L 变换能够把原来多个波段中的有用信息尽量集中到数目尽可能少的特征图像组中去，达到数据压缩的目的；同时，K－L 变换还能够使新的特征图像之间互不相关，也就是使新的特征图像包含的信息内容不重叠，增加类别的可分性。

2. 哈达玛变换

哈达玛变换是利用哈达玛矩阵作为变换矩阵，对多光谱图像进行正交变换。它主要用于把图像的灰度因素与其他类别因素分开。哈达玛矩阵为一个对称的正交矩阵，其变换核为

$$H^1 = \begin{bmatrix} 1 & 1 \\ 1 & -1 \end{bmatrix} \tag{7-1}$$

哈达玛矩阵的维数 N 总是 2 的幂，即 $N=2^m(m=1,2,\cdots)$，其中 m 称为矩阵的阶。每个高阶哈达玛矩阵都由其低一阶的哈达玛矩阵按如下形式组成

$$H^{m+1} = \begin{bmatrix} H^m & H^m \\ H^m & -H^m \end{bmatrix} \tag{7-2}$$

哈达玛变换实际是将坐标轴旋转了 45°的正交变换。

3. 比值变换

比值变换是利用两图像间对应亮度之比或多重影像组合的对应像元亮度之比作为处理后的图像亮度的图像处理方法。比值变换图像用做分类有许多优点，它可以增强土壤、植被、水之间的辐射差别，抑制地形坡度和方向引起的辐射量变化。

4. 生物量指标变换

生物量指标变换是另一种比值变换，其形式为

$$I_{bio} = \frac{x_1 - x_2}{x_1 + x_2} \tag{7-3}$$

式中　I_{bio}——生物量变换后的亮度值；

x_1, x_2——两幅原始图像的像元亮度值。

5. 缨帽变换

缨帽变换又称 K－T 变换，是由坎斯（R. J. Kanth）和托马斯（G. S. Thomas）在用 MSS 数据研究农作物和植被的生长过程后提出的。该变换是根据多光谱遥感中土壤、植被等信息在多维光谱空间中的信息分布结构对图像作的经验性线性正交变换。经过 K－T 变换后的图像可进行物理特征解释，变换后的 4 个分量分别为亮度、绿度、黄度、噪声。一般用 K－T 变换后的前 3 个参数，这样也实现了数据的压缩。

（二）特征选择

在遥感图像自动分类过程中，不仅使用原始遥感图像进行分类，还使用上面所述的特征变换之后的影像进行分类。我们总希望能用最少的影像数据进行最好的分类。这样就需在这些特征影像中，选择一组最佳的特征影像进行分类，称为特征选择。这里有两个问题要解决：一是选择一种可分性判据作为最优特征选择的标准；二是找到一个好的算法来选择出这组最优特征。特征选择的标准就是特征的分类能力，它与所希望区分的类别及影像本身的特征有关。特征变量的选择需遵循下述原则：

(1)一个特征变量应有这样的性质,即对于不同类别的模式,该特征值相差较大;而对于同类模式,则应用大体接近或相同的特征值。

(2)对于某一类模式而言,特征变量及特征值应能充分与必要地表明该模式属于该类而不属于其他类别的主要依据。

(3)各特征变量之间互不相关或相关性很小,即各特征变量所表示的模式类别的性质互不重复或不能相互导出。

目前,比较有效的方法有主轴法、因子分析法以及以聚类程度为特征的排序法等。当然,特征变量的选择是一个很复杂的问题,不同的研究目的其选择原则也存在差异,变量的选择较多地是根据经验和反复的影像处理试验来确定的。

特征变换和特征选择既减少了参加分类的特征图像的数目,又从原始信息中抽取能更好进行分类的特征图像,是遥感影像自动分类前一个很重要的处理过程。

第二节　非监督分类

一、非监督分类的概念

遥感图像上的同类地物在相同的表面特征结构、植被覆盖、光照等条件下,一般具有相同或相近的光谱特征,从而表现出某种内在的相似性,归属于同一个光谱空间区域;不同的地物,光谱信息特征不同,归属于不同的光谱空间区域。非监督分类方法即是据此发展起来的一种图像分类方法。从定义上讲,非监督分类是指人们事先对分类过程不施加任何的先验知识,仅凭借遥感影像地物光谱特征的分布规律,利用自然聚类特性进行图像分类。分类的结果,只是对不同类别达到了区分,并不确定类别的属性,其属性是通过事后对各类光谱响应曲线进行分析,以及实地调查相比较后确定的。非监督分类又称为空间集群和聚类分析法,是一种先分类后识别的方法。非监督分类常常用于对分类区域没有什么了解的情况。由于人为干预较少,非监督分类过程的自动化程度较高。非监督分类主要步骤包括:初始分类、专题判别、分类合并、色彩确定、分类后处理、统计分析、输出分类结果。

二、非监督分类聚类分析

非监督分类主要采用聚类分析方法。聚类是把一组像素按照相似性归成若干类别,即“物以类聚”。它的目的是使得属于同一类别的像素之间的距离尽可能地小,而不同类别上的像素间的距离尽可能地大。一般的聚类算法是先选择若干个模式点作为聚类的中心,每一中心代表一个类别,按照某种相似性度量方法(如最小距离法)将各模式归于各聚类中心所代表的类别,形成初始分类。然后由聚类准则判断初始分类是否合理,如果不合理就修改分类,如此反复迭代运算,直到合理。常用方法有 *K* - 均值法和迭代自组织数据分析法(ISODATA)。下面分别介绍这两种方法。

(一)*K* - 均值法

K - 均值法是最简单的一种非监督分类方法,于 1967 年由 MacQueen 提出,主要优点是算法简单、收敛速度快。*K* - 均值法的基本思想是:通过迭代,逐次移动各类的中心,直至得到最好的聚类结果。*K* - 均值法只适用于分类数目已知(或者可估计)的遥感图像。假定聚类数 *K* 为已知,其计算步骤如下。

(1)任选 K 个初始聚类中心:$z_1(1),z_2(1),\cdots,z_K(1)$,括号内的序号为寻找聚类中心迭代运算的次数序号。为了方便,这里取开头 K 个模式样本的向量值作为初始聚类中心。

(2)逐个将样本集$\{x\}$中各个样本按最小距离原则分配给 K 个聚类中心的某一个$z_j(l)$,即

$$若\ \|x-z_j(l)\| < \|x-z_i(l)\|,则\ x\in S_j(l)$$

其中,$i,j=1,2,\cdots,K,i\neq j$;l 为运算次数序号;S_j 表示第 j 个聚类,其聚类中心为 z_j。

(3)计算各向量中心新的向量值。显然,各聚类中所包含样本的均值向量为新的聚类中心,即

$$z_j(l+1)=\frac{1}{N_j}\sum_{x\in S_j(l)}x,\ j=1,2,\cdots,K \tag{7-4}$$

N_j 为第 j 个聚类 S_j 中所包含的样本个数,以均值向量作为新的聚类中心,可使聚类准则函数

$$J_j=\sum_{x\in S_j(l)}\|x-z_j(l+1)\|^2,\ j=1,2,\cdots,K \tag{7-5}$$

最小。这一步要计算 K 个聚类中的样本均值向量,所谓 K-均值法的名称即由此而得名。

(4)如果 $z_j(l+1)\neq z_j(l)$,$j=1,2,\cdots,K$,则回到第(2)步,将模式样本逐个重新分类,重复迭代计算。

若 $z_j(l+1)=z_j(l)$,$j=1,2,\cdots,K$,则算法收敛,计算完毕。图 7-1 为 K-均值法流程。

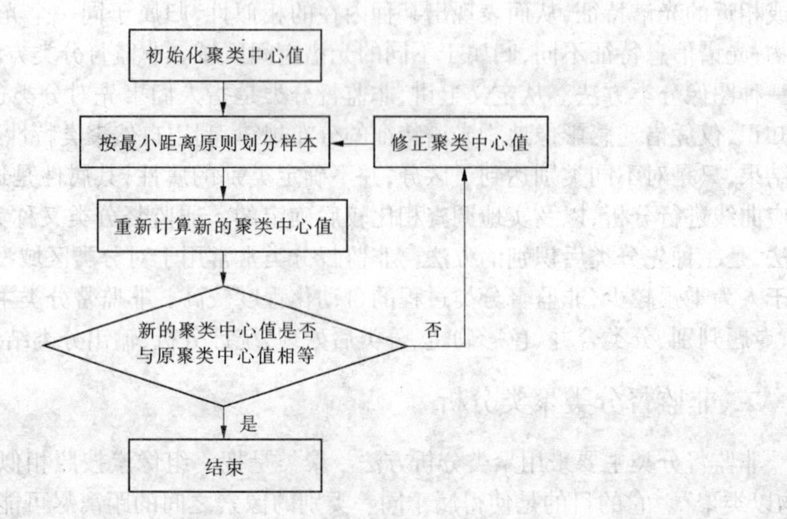

图 7-1　K-均值法流程

(二)ISODATA 法

ISODATA 法在动态聚类方法中具有代表性,它是在 K-均值法的基础上改进得到的,它与 K-均值法的不同之处在于:第一,它不是调整一个样本的类别就重新计算一次各样本的均值,而是在每次把所有样本都调整完毕之后才重新计算一次各样本的均值,前者称为逐个样本修正法,后者称为成批样本修正法;第二,该法不仅可以通过调整样本所属类别完成样本的聚类分析,而且可以自动地进行类别的合并和分裂,从而得到类别数比较合理的聚类结果。其具体算法如下:

第一步,输入 N 个模式样本$\{x_i,i=1,2,\cdots,N\}$,预选 N_C 个初始聚类中心$\{z_1,z_2,\cdots,z_{N_C}\}$,它可以不等于所要求的聚类中心数目,其初始位置可以从样本中任意选取。

预选 K、θ_N、θ_S、θ_C、L、I 等。

K:预期的聚类中心数目;

θ_N:每一聚类域中最少的样本数目,若少于此数即不作为一个独立的聚类;

θ_S:一个聚类域中样本距离分布的标准差;

θ_C:两个聚类中心间的最小距离,若小于此数,两个聚类需进行合并;

L:在一次迭代运算中可以合并的聚类中心的最多对数;

I:迭代运算的次数。

第二步,将 N 个模式样本分给邻近聚类 S_j,假若 $D_j=\min\{\|x-z_i\|, i=1,2,\cdots,N_C\}$,即 $\|x-z_i\|$ 的距离最小,则 $x\in S_j$。

第三步,如果 S_j 中的样本数目 $S_j<\theta_N$,则取消该样本子集,此时 N_C 减去 1。

第四步,修正各聚类中心

$$z_j=\frac{1}{N_j}\sum_{x\in S_j}x,\quad j=1,2,\cdots,N_C \tag{7-6}$$

第五步,计算各聚类 S_j 中模式样本与各聚类中心间的平均距离

$$\overline{D}_j=\frac{1}{N_j}\sum_{x\in S_j}\|x-z_j\|,\quad j=1,2,\cdots,N_C \tag{7-7}$$

第六步,计算全部模式样本和其对应聚类中心的总平均距离

$$\overline{D}=\frac{1}{N}\sum_{j=1}^{N}N_j\overline{D}_j \tag{7-8}$$

第七步,判别分裂、合并及迭代运算。

(1)若迭代运算次数已达到 I 次,即最后一次迭代,则置 $\theta_C=0$,转至第十一步。

(2)若 $N_C\leqslant\frac{K}{2}$,即聚类中心数目小于或等于规定值的一半,则转至第八步,对已有聚类进行分裂处理。

(3)若迭代运算的次数是偶数次,或 $N_C\geqslant 2K$,不进行分裂处理,转至第十一步;否则(即既不是偶数次迭代,又不满足 $N_C\geqslant 2K$),转至第八步,进行分裂处理。

第八步,计算每个聚类中样本距离的标准差向量

$$\boldsymbol{\sigma}_j=(\sigma_{1j},\sigma_{2j},\cdots,\sigma_{nj})^{\mathrm{T}} \tag{7-9}$$

其中向量的各个分量为

$$\sigma_{ij}=\sqrt{\frac{1}{N_j}\sum_{k=1}^{N_j}(x_{ik}-z_{ij})^2} \tag{7-10}$$

式中 i——样本特征向量的维数,$i=1,2,\cdots,n$;

j——聚类数,$j=1,2,\cdots,N_C$;

N_j——S_j 中的样本个数。

第九步,求每一标准差向量 $\{\boldsymbol{\sigma}_j, j=1,2,\cdots,N_C\}$ 中的最大分量,以 $\{\sigma_{j\max}, j=1,2,\cdots,N_C\}$ 代表。

第十步,在任一最大分量集 $\{\sigma_{j\max}, j=1,2,\cdots,N_C\}$ 中,若有 $\sigma_{j\max}>\theta_S$,同时又满足如下两个条件之一:① $\overline{D}_j>\overline{D}$ 和 $N_j>2(\theta_N+1)$,即 S_j 中样本总数超过规定值 1 倍以上;② $N_C\leqslant\frac{K}{2}$,则将 z_j 分裂为两个新的聚类中心 z_j^+ 和 z_j^-,且 N_C 加 1。z_j^+ 中对应于 $\sigma_{j\max}$ 的分量加上 $k\sigma_{j\max}$,

其中 $0<k\leqslant 1$；z_j^- 中对应于 $\sigma_{j\max}$ 的分量减去 $k\sigma_{j\max}$。

如果本步骤完成了分裂运算，则转至第二步，否则继续。

第十一步，计算全部聚类中心的距离，即

$$D_{ij} = \| z_i - z_j \|, i = 1,2,\cdots,N_C - 1, j = i+1,\cdots,N_C \tag{7-11}$$

第十二步，比较 D_{ij} 与 θ_C 的值，将 $D_{ij}<\theta_C$ 的值按最小距离次序递增排列，即

$$\{D_{i_1j_1}, D_{i_2j_2}, \cdots, D_{i_Lj_L}\}$$

式中

$$D_{i_1j_1} < D_{i_2j_2} < \cdots < D_{i_Lj_L}$$

第十三步，将距离为 $D_{i_kj_k}$ 的两个聚类中心 z_{i_k} 和 z_{j_k} 合并，得新的聚类中心为

$$z_k^* = \frac{1}{N_{i_k} + N_{j_k}}(N_{i_k}z_{i_k} + N_{j_k}z_{j_k}), k = 1,2,\cdots,L \tag{7-12}$$

其中，被合并的两个聚类中心向量分别以其聚类域内的样本数加权，使 z_k^* 为真正的平均向量。

第十四步，如果是最后一次迭代运算（即第 I 次），则算法结束；否则，若需要操作者改变输入参数，转至第一步；若输入参数不变，转至第二步。在本步运算中，迭代运算的次数每次应加 1。

ISODATA 法流程如图 7-2 所示。

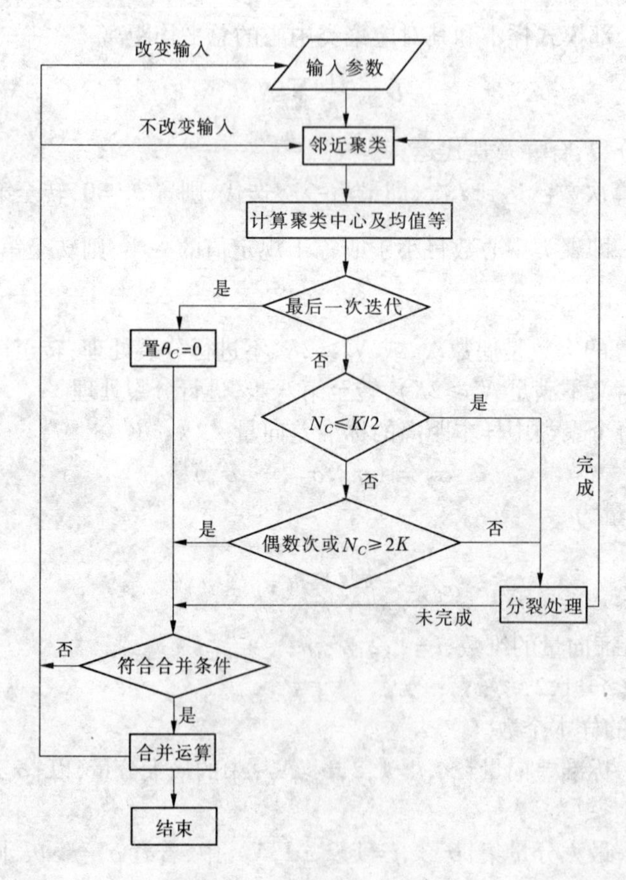

图 7-2　ISODATA 法流程

第三节　监督分类

一、监督分类的概念

监督分类就是先用某些已知训练样本让分类识别系统进行学习，待其掌握了各个类别的特征后，按照分类的决策规则进行分类下去的过程。所以，如果事先通过对分类地区的目视判读、实地勘察或结合 GIS 信息已经获得了样本区类别的信息，那么就可以利用监督分类的方法对遥感图像进行分类。监督分类的思想是：首先根据已知的样本类别，利用类别的先验知识确定判别函数和相应的判别准则，其中利用一定数量的已知类别的样本的观测值求解待定参数的过程称为学习或训练，然后将未知类别的样本的观测值代入判别函数，再依据判别准则对该样本的所属类别作出判定。

监督分类比非监督分类更多地要求用户来控制，常用于对研究区域比较了解的情况。在监督分类过程中，首先选择可以识别或者借助其他信息可以断定其类型的像元建立模板，然后基于该模板使计算机系统自动识别具有相同特性的像元。对分类结果进行评价后再对模板进行修改，多次反复后建立一个比较准确的模板，并在此基础上最终进行分类。监督分类一般分为以下几步：定义分类模板、模板的评价、确定初步分类结果、检验分类结果、精度评价和分类后处理等。

二、监督分类样区的选择

训练样区中应该包括研究范围内的所有要区分的类别，通过它可以获得需要分类的地物类型的特征光谱数据，由此可建立判别函数，作为计算机自动分类的依据。监督分类中训练样本的选择是非常重要的一步，在监督分类中由于训练样本的不同，分类结果就会出现极大的差异。因此，遥感分类结果的好坏很大程度上取决于训练样本的选择。选择样区需注意以下问题：

(1)训练样区必须具有典型性和代表性。即训练样区所含类型应与研究地域所要区分的类别一致。训练场地的样本应在各类地物面积较大的中心部分选择，而不应在各类地物的混交地区和类别的边缘选取。另外，还要考虑到地物本身的复杂性。所以，训练样区必须在一定程度上反映同类地物光谱特性的波动情况，以保证数据具有典型性，从而能进行准确的分类。

(2)训练样区必须具有准确性。在确定训练样区的类别专题属性的信息时，应确定所使用的地图、实地勘察等信息与遥感图像保持时间上的一致性，确保选择的样区与实际地物的一致性，防止地物随时间变更引起的分类模板设置错误。

(3)在训练样本数目的确定上，为了参数估计结果合理和便于分类后处理，选择的训练样区内必须有足够多的像元，样本数应当增多又不至于计算量过大，在具体分类时要看对图像的了解程度和图像本身的情况来确定提取的样本数量。

(4)训练样本选择后可作直方图，观察所选样本的分布规律，一般要求是单峰，近似于正态分布曲线。如果是双峰，类似两个正态分布曲线重叠，则可能是混合类别，需要重作。

三、监督分类方法

监督分类又称训练场地法，是以建立统计识别函数为理论基础，依据典型样本训练方法进行分类的技术。它是根据已知训练区提供的样本，通过选择特征参数并求出特征参数来确定决策规则，建立判别函数以对各待分类影像进行的图像分类，是模式识别的一种方法。要求训练区域具有典型性和代表性。判别准则若满足分类精度要求，则此准则成立；反之，需重新建立分类的决策规则，直至满足分类精度要求。在实际操作中，监督分类法有很多具体的分类方法，如最大似然分类法、最小距离法、图形识别法等。

（一）最大似然分类法

最大似然分类法的基本原理是对每个像元计算其归于各先验类别的概率，概率最大的相应类别即为某像元的所属类别。

设有两个波段影像观测值，构成二维空间，并已知两个先验类别 A 和 B，现欲根据这些数据和有关的先验知识求出任意像元 $X(x_1,x_2)$ 所属的类别。

观测值 X 属于地物 A 的概率为

$$P(X,A) = P(X/A) \cdot P(A) \tag{7-13}$$

$$P(X,A) = P(A/X) \cdot P(X) \tag{7-14}$$

式中 $P(X/A)$——先验已知值，指在已知地物 A 内获得观测值矢量 X 的概率；

$P(A)$——先验已知值，指在研究区内地物 A 出现的先验概率；

$P(A/X)$——相应于观测值矢量 X 的地物 A 的条件概率；

$P(X)$——观测值矢量 X 的先验概率。

同理，对地物 B 而言，也有与式(7-13)和式(7-14)相似的关系式。

按 Bayes 判别规律，当

$$P(A/X) > P(B/X) \tag{7-15}$$

时，观测值矢量 X 应属于地物 A；反之，则应属于地物 B。因此

$$P(X/A) \cdot P(A)/P(X) > P(X/B) \cdot P(B)/P(X)$$

由此得

$$P(X/A) \cdot P(A) > P(X/B) \cdot P(B) \tag{7-16}$$

当上式为等号时，表明 X 位于地物 A 和 B 的分界线上。

当分类地物多于两个时，则需要多次使用式(7-16)进行比较。例如，还有另一地物 C 时，则需用式(7-16)进行 A 与 B、A 与 C、B 与 C 之间的比较。

对两个波段观测值的二维空间而言，式(7-16)中所需要的概率 $P(X/A)$，按下式计算

$$P(X/A) = \frac{1}{2\pi\sqrt{\sigma_{11}\sigma_{22}-\sigma_{12}^2}}\exp\left\{-\frac{\sigma_{11}\sigma_{22}}{2(\sigma_{11}\sigma_{22}-\sigma_{12}^2)}\cdot\left[\frac{(x_1-\bar{x}_1)^2}{\sigma_{11}}-2\sigma_{12}\frac{(x_1-\bar{x}_1)(x_2-\bar{x}_2)}{\sigma_{11}\sigma_{22}}+\frac{(x_2-\bar{x}_2)^2}{\sigma_{22}}\right]\right\} \tag{7-17}$$

式中 $\bar{x}_1$、$\bar{x}_2$ 和 σ_{11}、σ_{22}、σ_{12}——地物 A 在波段 1 和波段 2 的均值和方差、协方差；

x_1、x_2——未知像元观测值。

各参数的计算公式为

$$\bar{x}_1 = \frac{1}{k}\sum_{j=1}^{k} x_{1j},\ \bar{x}_2 = \frac{1}{k}\sum_{j=1}^{k} x_{2j}$$

$$\sigma_{11} = \frac{1}{k}\sum_{j=1}^{k}(x_{1j} - \bar{x}_1)^2,\ \sigma_{22} = \frac{1}{k}\sum_{j=1}^{k}(x_{2j} - \bar{x}_2)^2 \tag{7-18}$$

$$\sigma_{12} = \frac{1}{k}\sum_{j=1}^{k}(x_{1j} - \bar{x}_1)(x_{2j} - \bar{x}_2)$$

式中　$[x_{11}, x_{12}, \cdots, x_{1k}]$、$[x_{21}, x_{22}, \cdots, x_{2k}]$——地物 A 在两个波段1、2中的 k 个训练样本。

同理,可计算出 $P(X/B)$。

式(7-16)中所需的 A(或 B)类别的先验概率 $P(A)$(或 $P(B)$)则可简单地按该类地物影像在整幅影像(或某个影像窗口)中所占的百分比来确定。

最大似然分类法主要是利用概率密度函数,求出每个像素对各类别的似然度,把该像元分到似然度最大的类别中去。它假定训练区地物的光谱特征和自然界大部分随机现象一样,近似服从正态分布,利用训练区可求出均值、方差以及协方差等特征参数,从而可求出总体的先验概率密度函数。但当总体分布不符合正态分布时,其分类可靠性将下降,这种情况下不宜采用最大似然分类法。另外,应用最大似然分类法进行遥感图像分类时,由于对每一个像元的分类法都要进行大量计算,因而最大似然分类法所需要的时间较长。

(二)最小距离法

最小距离法是根据各像元与训练样本中各类别在特征空间中的距离大小来决定其类别的。这种方法要求对遥感图像中每一个类别选一个具有代表意义的统计特征量(均值),然后以均值向量作为该类在特征空间中的中心位置,计算输入图像中每个像元到各类中心的距离。到哪一类中心的距离最小,则该像元就归入到哪一类。这里距离就是一个判别准则。在遥感图像分类处理中,常用的距离函数有欧几里德距离和绝对距离。

设 p 为图像的波段数,x 为图像中的一个待分类像元,其中 x_i 为像元 x 在第 i 波段的像元值(灰度值),M_{ij} 为第 j 类在第 i 波段的均值,则像元 x 与各类间的距离可通过如下任意一种方法获得:

欧几里德距离　$$D_p = \sqrt{\sum_{i=1}^{p}(x_i - M_{ij})^2}$$

绝对距离　$$D_j = \sum_{i=1}^{p}|x_i - M_{ij}|$$

最小距离法原理简单,计算速度快。其主要缺点是没有考虑不同类别内部方差的不同,会造成一些类别在边界上的重叠,导致分类精度不高。

(三)图形识别法

在图像上选择样区,以样区内像元在各波段影像上的亮度值为特征值,根据这些特征值可得到其波谱响应曲线。用此曲线训练计算机,让它知道并记住该图形。然后对未知像素进行类别判别时,即可依此曲线来进行判别。如大致符合即可归为一类。

第四节　分类后处理及误差分析

无论监督分类还是非监督分类,都是按照图像光谱特征进行聚类分析的,因此都带有一定的盲目性。所以,对获得的分类结果需要再进行一些处理工作,才能得到最终相对理想的分类结果,这些处理操作就称为分类后处理。另外,对分类的精度要进行评价,以供分类影像进一步使用时参考。

一、分类后处理

用光谱信息对影像逐个像元地分类,在结果的分类地图上会出现噪声。产生噪声的原因有原始影像本身的噪声,在地物交界处的像元中包括多种类别,其混合的辐射量造成错误分类以及其他原因等。另外还有一种现象,分类是正确的,但某种类别零星分布于地面,占的面积很小,我们对大面积的类型感兴趣,对占很小面积的地物不感兴趣,因此希望用综合的方法使它从图面上消失。所以,无论是监督分类还是非监督分类,其结果都会产生一些面积很小的图斑。无论从专题制图的角度还是从实际应用的角度,都有必要对这些小图斑进行剔除。为了解决这种与实际情况不相符合,也不满足分类要求的问题,可通过平滑处理来减少或消除类别噪声的影响。ERDAS IMAGINE 系统中的 GIS 分析命令 Clump、Sieve、Eliminate可以联合完成小图斑的处理工作。

二、分类后误差分析

分类后专题图的正确分类程度的检核,是遥感图像定量分析的一部分。一般无法对整幅分类图去检核每个像元是正确或错误的,而是利用一些样本对分类误差进行估计。

采集样本的方式有 3 种:①来自监督分类的训练样区;②专门选定的试验场;③随机取样。

第一种方式对纯化监督训练样区比较有用,但作为检核最后分类图精度不是最好的方式。第二种方式比较好,试验场是特定的供分析用的,有目的地、均匀地分布于各个区域,也有不少试验场是随机分布的,数量较多,类别也较多,测定的数据存储在计算机中,有些尚需实时测定。第三种方式完全随机地取样,当然也要根据特殊应用中研究区域的性质和制图类别而设计采样区,一般不是取单个像元,而是取随机像元群,因为这样容易在航片或地图上确定样区位置。样区内的信息由地面测量,或从航片或地图中提取。

一般采用混淆矩阵来进行分类精度的评定。混淆矩阵是模式识别中较为常用的精度评价工具,主要用于比较分类结果和地表真实信息,可以把分类结果的精度显示在一个混淆矩阵里面。混淆矩阵是通过将每个地表真实像元的位置和分类与分类图像中的相应位置和分类相比较计算的。混淆矩阵的每一列代表了地面参考验证信息,每一列中的数值等于地表真实像元在分类图像中对应于相应类别的数量;混淆矩阵的每一行代表了遥感数据的分类信息,每一行中的数值等于遥感分类像元在地表真实像元相应类别中的数量。

如有 150 个样本数据,将这些数据分成 3 类,每类 50 个。分类结束后得到的混淆矩阵为:

	类 1	类 2	类 3
类 1	43	5	2
类 2	2	45	3
类 3	0	1	49

每一行之和为50,表示50个样本,第一行说明类1的50个样本有43个分类正确,5个错分为类2,2个错分为类3。

第五节 ERDAS IMAGINE 遥感图像分类

一、非监督分类操作示例

ERDAS IMAGINE 使用ISODATA 算法来进行非监督分类。聚类过程始于任意聚类平均值或一个已有分类模板的平均值:聚类每重复一次,聚类的平均值就更新一次,新聚类的均值再用于下次聚类循环。ISODATA 实用程序不断重复,直到最大的循环次数已达到设定阈值,或者两次聚类结果相比已达到要求百分比,像元类别已经不再发生变化。

(一)分类过程

以对图7-3进行非监督分类为例进行介绍。

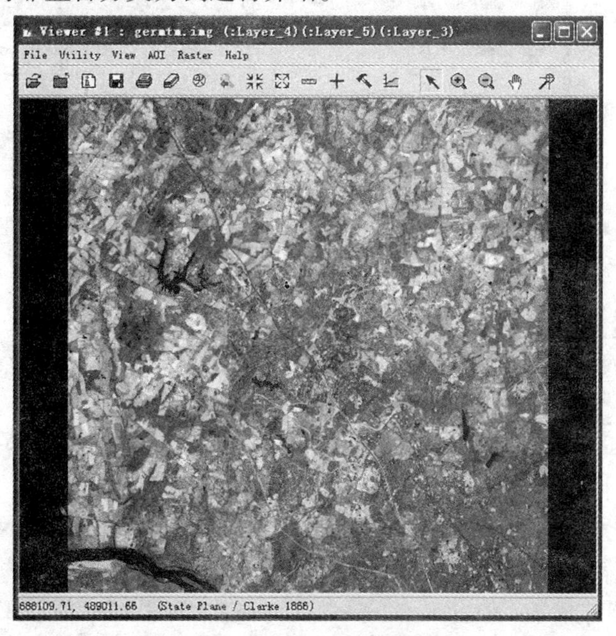

图7-3 进行非监督分类原图像

第一步,启动非监督分类。

在 ERDAS IMAGINE 图标面板工具条中单击 Classifier 图标,打开"Classification"对话框,在对话框中单击"Unsupervised Classification"按钮,打开"Unsupervised Classification"对话框(见图7-4)。

第二步,进行非监督分类。

(1)确定输入文件(Input Raster File):germtm. img(要被分类的图像)。

(2)确定输出文件:germtm_isodata. img(即将产生的分类图像)。

(3)选择生成分类模板文件:Output Signature Set(将产生一个模板文件)。

(4)确定分类模板文件:germtm_isodata. sig。

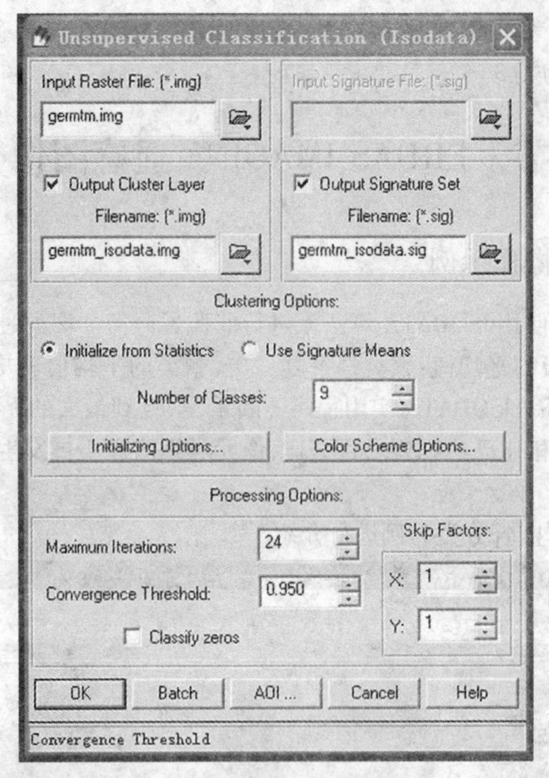

图 7-4　非监督分类参数设置

(5)确定聚类参数,在 Clustering Options 下选择 Initialize from Statistics 单选框。

(6)确定初始分类数(Number of Classes):实际工作中一般将初始分类数取为最终分类数的两倍以上。

(7)点击"Initializing Options"按钮可以调出"File Statistics Options"对话框,以设置ISODATA的一些统计参数。

(8)点击"Color Scheme Options"按钮可以调出"Output Color Scheme Options"对话框,以决定输出的分类图像是彩色的还是黑白的。

(9)定义最大循环次数(Maximum Iterations):是指 ISODATA 重新聚类的最多次数,这是为了避免程序运行时间太长或由于没有达到聚类标准而导致的死循环。一般在应用中将循环次数设置为 6 次以上。

(10)设置循环收敛阈值(Convergence Threshold):收敛阈值是指两次分类结果相比保持不变的像元所占最大百分比,此值的设立可以避免 ISODATA 无限循环下去。

(11)点击"OK"按钮(关闭"Unsupervised Classification"对话框,执行非监督分类,获得一个初步的分类结果)。

(二)分类评价

获得一个初步的分类结果以后,可以应用分类叠加(Classification Overlay)方法来评价检查分类精度。其方法如下。

第一步,显示原图像与分类后图像(见图 7-5)。

第二步,打开分类后图像属性并调整字段显示顺序。

图 7-5 分类后图像

在视窗工具条中,点击图标(或者选择 Raster 菜单项→选择 Tools 菜单)。

· 打开 Raster 工具面板。

· 点击 Raster 工具面板的图标(或者在视窗菜单条依次选择 Raster→Attributes)。

· 打开"Raster Attribute Editor"对话框(germtm_isodata. img 的属性表),见图 7-6。

Raster Attribute Editor - germtm_isodata.i...

File Edit Help

Layer Number: 1

Row	Histogram	Opacity	Color	Class Names	Red	Green	Blue
0	0	0		Unclassified	0	0	0
1	13315	1		water	0	1	0
2	249857	1		Class 2	0.62	0.25	0.25
3	112489	1		Class 3	0.8	0.32	0.36
4	80585	1		Class 4	0.2	0.45	0.47
5	102708	1		Class 5	0.36	0.48	0.49
6	121459	1		Class 6	0.56	0.47	0.47
7	66616	1		Class 7	0.19	0.78	0.81
8	140930	1		Class 8	0.49	0.59	0.57
9	110051	1		Class 9	0.47	0.77	0.73
10	50566	1		Class 10	0.55	1	1

图 7-6 图像属性表

属性表中的 11 个记录分别对应产生的 10 个类及 Unclassified 类,每个记录都有一系列的字段。如果想看到所有字段,需要用鼠标拖动浏览条,为了方便看到关心的重要字段,需要调整字段显示顺序。

在"Raster Attribute Editor"对话框菜单条依次选择 Edit→Column Properties,打开"Column Properties"对话框。

在 Columns 中选择要调整显示顺序的字段,通过“Up”、“Down”、“Top”、“Bottom”等几个按钮调整其合适的位置,通过选择 Display Width 调整其显示宽度,通过 Alignment 调整其对齐方式。如果选择 Editable 复选框,则可以在 Title 中修改各个字段的名字及其他内容。

在“Column Properties”对话框中调整字段顺序,最后使 Histogram、Opacity、Color、Class Names 4 个字段的显示顺序依次排在前面。

第三步,给各个类别赋相应的颜色(如果在分类时选择了彩色,这一步就可以省去)。

在“Raster Attribute Editor”对话框(germtm_isodata. img 的属性表)进行以下操作:

· 点击一个类别的 Row 字段,从而选择该类别。

· 右键点击该类别的 Color 字段(颜色显示区)。

· 选择 As Is 菜单。

· 选择一种合适的颜色。

· 重复以上步骤直到给所有类别赋予合适的颜色。

第四步,不透明度设置。

由于分类后图像覆盖在原图像上面,为了对单个类别的判别精度进行分析,首先要把其他所有类别的不透明度(Opacity)值设为 0(即透明),而把要分析的类别的透明度设为 1(即不透明)。

在“Raster Attribute Editor”对话框(germtm_isodata. img 的属性表)进行以下操作:

· 右键点击 Opacity 字段的名字。

· 选择 Column Options 菜单→Formula 菜单项。

· 打开“Formula”对话框。

· 在“Formula”对话框的 Formula 输入框中(用鼠标点击右上数字区)输入 0。

· 点击“Apply”按钮(应用设置)。

· 返回“Raster Attribute Editor”对话框(germtm_isodata. img 的属性表)。

· 点击一个类别的 Row 字段,从而选择该类别。

· 点击该类别的 Opacity 字段,从而进入输入状态。

· 在该类别的 Opacity 字段中输入 1,并按回车键。

此时,在视窗中只有要分析类别的颜色显示在原图像的上面,其他类别都是透明的。

第五步,确定类别专题意义及其准确程度。

在视窗菜单条选择 Utility→Flicker→“Viewer Flicker”对话框→Auto Mode。

本步是设置分类后图像在原图像的背景上闪烁,观察它与背景图像之间的关系,从而断定该类别的专题意义,并分析其分类准确与否。

第六步,标注类别的名称和相应颜色。

在“Raster Attribute Editor”对话框(germtm_isodata. img 的属性表)进行以下操作:

· 点击刚才分析类别的 Row 字段,从而选择该类别。

· 点击该类别的 Class Names 字段,从而进入输入状态。

· 在该类别的 Class Names 字段中输入其专题意义(如水体),并按回车键。

· 右键点击该类别的 Color 字段(颜色显示区)。

· 选择 As Is 菜单。

· 选择一种合适的颜色(如水体为蓝色)。

重复以上第四步至第六步直到对所有类别都进行了分析与处理。注意,在进行分类叠加分析时,一次可以选择一个类别,也可以选择多个类别同时进行。

二、监督分类方法操作示例

监督分类一般有以下几个步骤:定义分类模板(Define Signatures)、评价分类模板(Evaluate Signatures)、执行监督分类(Perform Supervised Classification)、评价分类结果(Evaluate Classification)。下面将结合例子说明这几个步骤。当然,在实际应用过程中,可以根据需要执行其中的部分操作。

(一)定义分类模板

ERDAS IMAGINE 的监督分类是基于分类模板来进行的,而分类模板的生成、管理、评价和编辑等功能是由分类模板编辑器(Signature Editor)来负责的。毫无疑问,分类模板生成器是进行监督分类的一个不可缺少的组件。

在分类模板编辑器中生成分类模板的基础是原图像或其特征空间图像。因此,显示这两种图像的视窗也是进行监督分类的重要组件。

第一步,显示需要分类的图像。

在视窗中显示 <ERDASHOME>\Example\germtm.img(Red4/Green5/Blue3 选择 Fit to Frame,其他使用缺省设置)。

第二步,打开模板编辑器并调整显示字段。

ERDAS 图标面板工具条,点击 Classifier 图标|Classification|Signature Editor 命令,打开 Signature Editor 窗口。

从图 7-7 中可以看到有很多字段,有些字段对分类的意义不大,我们希望不显示这些字段,所以要进行如下调整:

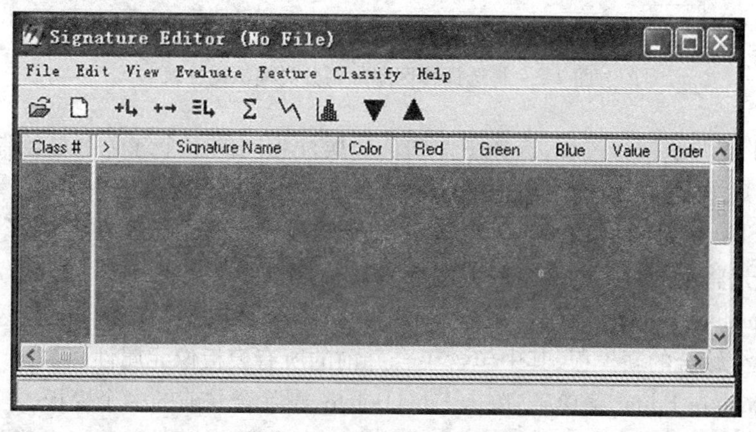

图 7-7 Signature Editor 窗口

在 Signature Editor 窗口菜单条,单击 View|Columns 命令,打开"View Signature Columns"对话框,进行以下操作:

·点击最上一个字段 Column 字段向下拖拉直到最后一个字段,此时,所有字段都被选择上,并用黄色(缺省色)标示出来。

·按住 Shift 键的同时分别点击 Red、Green、Blue 3 个字段,Red、Green、Blue 3 个字段将

分别从选择集中被清除。

·点击“Apply”按钮。

·点击“Close”按钮。

从“View Signature Columns”对话框可以看到 Red、Green、Blue 3 个字段将不再显示。

第三步，获取分类模板信息。

可以分别应用 AOI 绘图工具、AOI 扩展工具和查询光标 3 种方法，在原始图像或特征空间图像中获取分类模板信息。在实际工作中也许只用一种方法就可以了，也许要将几种方法联合应用。本示例为应用 AOI 绘图工具在原始图像获取分类模板信息。

在显示有 germtm. img 图像的视窗进行以下操作：

·点击图标（或者选择 Raster 菜单项→选择 Tools 菜单）。

·打开 Raster 工具面板。

·点击 Raster 工具面板的图标。

·在视窗中选择绿色区域（农田），绘制一个多边形 AOI。

·在 Signature Editor 窗口，单击 Create New Signature 图标，将多边形 AOI 区域加载到 Signature Editor 分类模板属性表中（见图 7-8）。

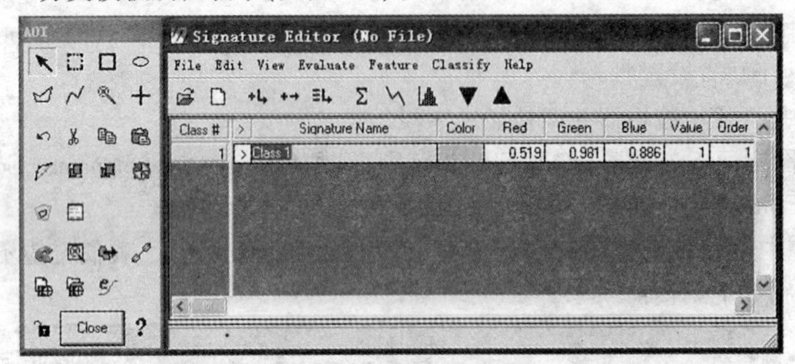

图 7-8　将选择样区添加到分类模板属性表

·重复上述两步操作过程，选择图像中认为属性相同的多个绿色区域绘制若干个多边形 AOI，并将其作为模板依次加入到 Signature Editor 分类模板属性表中。

·按下 Shift 键，同时在 Signature Editor 分类模板属性表中依次单击选择 Class 字段下面的分类编号，将上面加入的多个绿色区域 AOI 模板全部选定。

·在 Signature Editor 工具条，单击 Merge Signatures 图标，将多个绿色区域 AOI 模板合并，生成一个综合的新模板，其中包含了合并前的所有模板像元属性。

·在 Signature Editor 菜单条，单击 Edit|Delete，删除合并前的多个模板。

·在 Signature Editor 属性表，改变合并生成的分类模板的属性，包括名称与颜色分类名称（Signature Name）：Agriculture，以及颜色（Color）：绿色。

·重复上述所有操作过程，根据实地调查结果和已有研究结果，在图像窗口选择绘制多个黑色区域 AOI（水体），依次加载到 Signature Editor 分类模板属性表中，并执行合并操作生成综合的水体分类模板，然后确定分类模板名称和颜色。

·同样重复上述所有操作过程，绘制多个蓝色区域 AOI（建筑）、多个红色区域 AOI（林地）等，加载、合并、命名、建立新的模板。

· 如果将所有的类型都建立了分类模板,就可以保存分类模板。

(二)评价分类模板

分类模板建立之后,就可以对其进行评价、删除、更名、与其他分类模板合并等操作。分类模板的合并可使用户应用来自不同训练方法的分类模板进行综合复杂分类,这些模板训练方法包括监督、非监督、参数化和非参数化。

分类模板评价工具包括以下几种。

· Alarms:分类预警工具。

· Contingency Matrix:可能性矩阵。

· Feature Objects:特征对象。

· Feature Space to Image Masking:特征空间到图像掩模。

· Histograms:直方图方法。

· Signature Separability:分类的分离性。

· Statistics:分类统计分析。

(三)执行监督分类

在 ERDAS IMAGINE 图标面板菜单条点击 Main→Image Classification→Classification 菜单,或 ERDAS IMAGINE 图标面板工具条点击 Classifier 图标→Classification 菜单,然后选择→Supervised Classification 菜单项,打开"Supervised Classification"对话框(见图 7-9)。

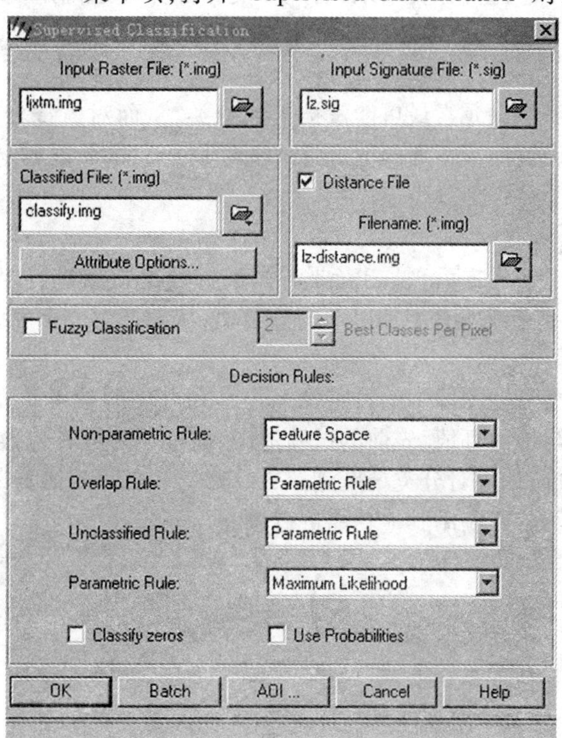

图 7-9 "Supervised Classification"对话框

在"Supervised Classification"对话框中,需要确定下列参数:

· 确定输入原始文件(Input Raster File):ljxtm. img。

· 确定输出分类文件(Classified File):classify. img。

· 确定分类模板文件(Input Signature File):lz. sig。
· 选择输出分类距离文件:Distance File(用于对分类结果进行阈值处理)。
· 定义分类距离文件(Filename):lz - distance. img。
· 选择非参数规则(Non_parametric Rule):Feature Space。
· 选择叠加规则(Overlay Rule):Parametric Rule。
· 选择未分类规则(Unclassified Rule):Parametric Rule。
· 选择参数规则(Parametric Rule):Maximum Likelihood。
· 不选择 Classify zeros(分类过程中是否包括 0 值)。
· 单击"OK"按钮(执行监督分类,关闭"Supervised Classification"对话框)。

(四)评价分类结果

执行了监督分类之后,需要对分类效果进行评价,ERDAS IMAGINE 系统提供了多种分类评价方法,包括分类叠加(Classification Overlay)、定义阈值(Thresholding)、分类编码(Recode Classes)、精度评估(Accuracy Assessment)等。

1. 分类叠加

分类叠加就是将分类专题图像与分类原始图像同时在一个视窗中打开,将分类专题层置于上层,通过改变分类专题的透明度(Opacity)及颜色等属性,查看分类专题图像与原始图像之间的关系。对于非监督分类结果,通过分类叠加方法来确定类别的专题特性并评价分类结果。对监督分类结果,该方法只是查看分类结果的准确性。

2. 定义阈值

本方法可以确定哪些像元素最可能没被正确分类,从而对监督分类的初步结果进行优化。可以对每个类别设置一个距离阈值。将可能不属于它的像元筛选出去,筛选出去的像元在专题图中将被赋予另一个分类值。

3. 分类编码

对分类像元进行了分析之后,可能需要对原来的分类重新进行组合(如将林地 1 与林地 2 合并为林地),给部分或所有类别以新的分类值,从而产生一个新的分类专题层。

4. 精度评估

精度评估是将分类专题图像中的特定像元与已知分类的参考像元进行比较,实际工作中常常是将分类数据与地面真值、先前的试验地图、航空像片或其他数据进行对比。

通过对分类的评价,如果对分类精度满意,保存结果;如果不满意,可以进一步作有关的修改,如修改分类模板等,或应用其他功能进行调整。

习 题

1. 简述遥感图像自动识别的一般过程。
2. 什么是特征变换和特征选择?
3. 简述非监督分类的方法。
4. 监督分类的过程是怎样的?
5. 比较监督分类与非监督分类的优缺点。
6. 上机练习 ERDAS IMAGINE 遥感图像分类。

第八章 遥感测量技术的应用

遥感科学与技术是在测绘科学、空间科学、电子科学、地球科学、计算机科学以及其他学科交叉渗透、相互融合的基础上发展起来的一门新兴边缘学科。它利用非接触传感器来获取有关目标的时空信息,不仅着眼于解决传统目标的几何定位,更为重要的是对利用外层空间传感器获取的影像和非影像信息进行语义和非语义解译,提取客观世界中各种目标对象的几何与物理特征信息,从而为人们认识自然和改造自然提供科学的技术和方法,为国家和部门的重大决策及社会可持续发展提供科学依据和决策保障,为国防建设和国家安全提供可视化的军事情报服务。由于它的科学性、技术性、应用性、服务性,涉及广泛的科学技术领域,因此它的应用已深入到经济建设、社会发展、国家安全和人民生活等各方面。

第一节 遥感技术在测绘中的应用

遥感图像在测绘中主要被用来测绘地形图,制作正射影像图和编绘各种专题图,使用现时的遥感图像补测和修编地形图和地图,以及在一些持续条件下如云覆盖、森林覆盖、水下、雪原上测绘地形图等。利用卫星影像修测地形图速度快、费用低。修测地形图的比例尺一般比制作影像图的比例尺小$\frac{1}{2}$,如用 TM 图像修测 1∶250 000 比例尺的地形图,用 SPOT(多光谱)图像修测 1∶100 000 比例尺的地形图。修测 1∶50 000 比例尺的地形图最好使用分辨力在 5 m 左右的卫星影像,例如 IRS-1C 上的全色影像分辨力为 5.8 m,SPOT 全色影像分辨力为 10 m,勉强可用于该比例尺地形图的修测。IKONOS 影像分辨力为 1 m,可用于 1∶1万比例尺地形图的修测。所测绘的地形图或地图是数字形式,通过格式变换可直接存入 GIS 数据库,修测的内容可以更新 GIS 数据库。

利用遥感影像进行地形图更新的步骤如图 8-1 所示。

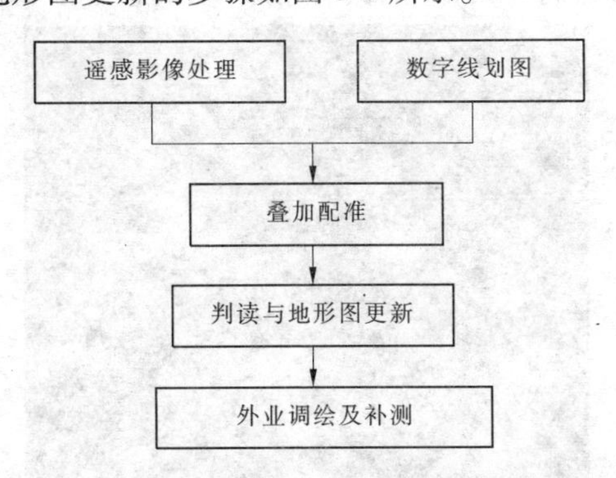

图 8-1 利用遥感影像进行地形图更新的步骤

按照图 8-1 所示的步骤,可以使用遥感影像进行地形图的修测和更新,其具体过程为:进行遥感影像处理,主要是对待更新地区的高分辨率遥感影像进行几何校正,使其精度满足成图比例尺规范要求(参考第四章第一节)。将待更新地区原始的纸质地形图通过扫描矢量化生成数字线划图。在 AutoCAD 等制图软件或 Supermap 等地理信息系统软件中同时打开处理后的遥感影像和数字线划图。通过叠加我们可以清楚地判断变化的地物,主要是居民地、道路、水系、植被等的更新(增、删、减等)。对影像上无法判读的地物要借助外业调绘来确定,对线划图中没有的地区或变化范围比较大的区域可采用 GPS 和全站仪进行补测,将外业调绘和补测的修改、新增和变化地物的信息添加到地形图中,编辑处理后形成最终成果图。

高分辨率卫星地图影像对专题图的制图与测绘是一种简洁高效的技术手段,目前,在很多相关行业中传统的测量与制图手段已经完全被高分辨率卫星技术手段所代替。通过对原始卫星数据的辐射纠正、传感器的姿态引起的误差纠正、几何校正、正射校正、地图投影、坐标转换等一系列处理,卫星数据能够很精确地与当地已有的地图资料相嵌配,这样在非常清晰与自然的真实地物信息资料基础上进行地图更新以及通过地物分类来作专题图,都能获得非常精确的成果图。

在美国,平均每 21 min 就有一所房子建成,通过 QuickBird 卫星提供的高精度和最新影像为了解此信息提供保证。图 8-2 显示一张 1999 年 0.6 m 航空像片和一张 2003 年0.6 m QuickBird 影像。

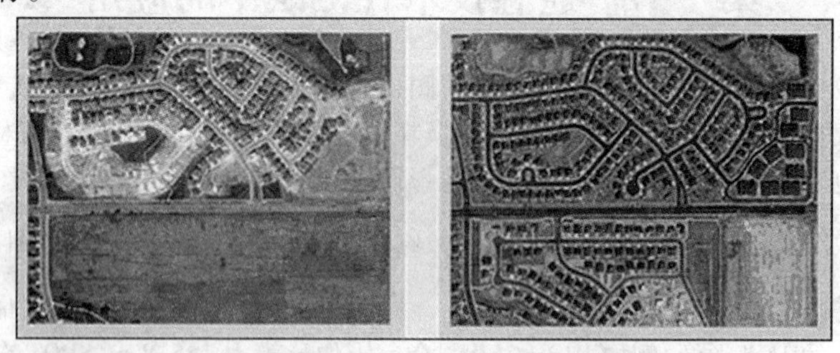

图 8-2　航空像片和 QuickBird 影像

如图 8-3 所示,是利用数字高程模型(DEM)对经扫描处理的数字化航空像片,经逐像元投影差改正、镶嵌,按国家基本比例尺地形图图幅范围剪裁生成的数字正射影像图。它是同时具有地图几何精度和影像特征的图像,具有精度高、信息丰富、直观真实等优点。

图 8-3　数字正射影像图

第二节　地质遥感

地质体和地质现象的产生与发展是错综复杂的。然而任何地质体或地质现象，都具有本身的电磁波特性，即不同性质的地质体和地质现象的电磁波特性是不一样的，这样我们就可以根据这些电磁波特性的差异来识别地质体和地质现象的属性。遥感图像就是对地表及地表以下一定深度地质体和地质现象的电磁波特性的记录，而它们的差异在图像上就构成各种影像信息——色调和图形。因此，可以根据遥感图像上色调和图形信息的差异来识别地质体和地质现象的属性，这就是遥感图像的地质解译原理。

地质遥感是综合应用现代遥感技术来研究地质规律，进行地质调查和资源勘察的一种方法。其研究对象是地球表面和表层地质体（如岩石、断裂）、地质现象（如火山爆发等）的电磁辐射的各种特性，地质体和地质现象及其与环境变化的波谱特性，以及产生的影像特征。地质遥感一般包括4个方面的研究内容：①各种地质体和地质现象的电磁波谱特征；②地质体和地质现象在遥感图像上的判别特征；③地质遥感图像的光学及电子光学处理和图像及有关数据的数字处理与分析；④遥感技术在地质制图、地质矿产资源勘察及环境、工程、灾害地质调查研究中的应用。

影响矿物反射光谱的主要因素是矿物化学成分、矿物晶体结构和矿物粒度等，其中矿物化学成分是最重要的因素。可见光范围的光谱特征，取决于矿物中过渡金属离子的种类和含量，而中红外波段的光谱特征则取决于矿物中的阴离子基团。有关矿物光谱研究表明，在可见光－近红外（0.4～1.2 μm）、短波红外（1.3～2.4 μm）和热红外（8.0～14.0 μm）3个大气窗口中，岩石矿物具有一系列可诊断性光谱特征信息，即金属离子的电子转移和Al－OH、Mg－OH、CO_3^{2-}等分子团的振动所形成的矿物光谱吸收特征，这些特征的带宽多在10～20 nm。表8-1为光谱范围与可识别矿物简表。

表8-1　光谱范围与可识别矿物简表

波段	波长范围（μm）	可识别矿物
可见光－近红外	0.40～1.20	Fe、Mn和Ni的氧化物、赤铁矿、镜铁矿
短波红外	1.30～2.50	氢氧化物、碳酸盐和硫酸盐
	1.47～1.82	硫酸盐岩：明矾石
	2.16～2.24	含Al－OH基团矿物：白云母、高岭石、迪开石、叶蜡石、蒙脱石、伊利石
	2.24～2.30	含Fe－OH基团矿物：黄钾铁矾、锂皂石
	2.26～2.32	碳酸盐类：方解石、白云石、菱镁石
	2.30～2.40	含Mg－OH基团矿物：绿泥石、滑石、绿帘石
热红外	8.0～14.0	硅酸盐类：石英、长石、辉石、橄榄石

一、地质区域调查实例

遥感区域地质调查工作分为9个主要阶段：前期准备、野外踏勘与填图方法试验、编制工作设计、遥感解译与野外调查、野外审查验收、专题研究、资料综合整理、最终成果验收、出版归档等。

一般来说,在项目前期准备阶段就要进行全区域的宏观解译,即使用比例尺小于填图比例尺的卫星图像对区域构造格架、地层、岩浆岩带分布等特点作概略了解,针对测区所处的地质环境,预测调查工作可能遇到的主要地质问题,提出详细解译的工作重点。

在野外踏勘和填图方法试验阶段,则需进行遥感图像的初步解译。通过建立区域性的遥感判读标志,并根据区域地质构造复杂程度、地质判读标志的显著程度、基岩出露的完整性及产状清晰程度、地表覆盖对地质解译的影响程度、地貌等自然因素与人文活动对地质要素显现的影响程度、前人工作与区域踏勘程度等的差异,进行测区遥感可解译程度的划分,为编制工作设计提供依据。解译通常要在较成图比例尺大一级的遥感图像上进行,如1:5万填图一般需在1:2.5万航空遥感图像上进行。解译着重于提取含有地质构造及岩浆、变质、沉积三大岩类时空分布信息的线状、环状、块状影像,并对其特征进行初步研究。

遥感解译贯穿于整个调查工作的始终,是一个循序渐进、反复进行、逐级深化的过程。应根据任务的比例尺要求选定具有合适空间分辨率的遥感数据,通常1:2.5万及比例尺更小的区域地质调查可以选用TM、SPOT等数据;1:5万区域地质调查则需选用航空遥感图像或空间分辨率优于10 m的卫星遥感数据和图像。在一些多云多雨和植被较多、雪盖严重的地区可以选用星载SAR等微波遥感数据。

详细解译应在野外地质调查前完成,并在实地调查中不断完善。它着重研究各种正式、非正式遥感填图单位的分布,岩性、岩相及其厚度的横向变化情况,褶皱构造的形态及演化特点,断裂构造的展布、性质、规模及相对时序等。表8-2为遥感地质解译内容简表。

表8-2 遥感地质解译内容简表

解译对象	解译要点	识别和研究要求
线性影像	展布、延伸方向;波折、弯曲、分叉、复合特征;影像间的插值、交切、限制关系;影像两侧位移、牵引、旋扭等现象;与邻区构造影像的相互关系	按地质属性分类、命名;断裂要按构造性质分类,按方向统计分组,按规模化分等级,证据充分时确定相对时序并划分体系
环形影像	详细研究影像内外色彩、结构、构造特点及变化;相关联环形影像之间的包容、叠加、切割、镶嵌、串连、辐射等空间分布关系;与相关线性影像间的交切、限制等同生、衍生关系	按地质属性分类;与岩浆侵入、喷出活动和热液活动有成因联系的应尽量鉴别岩体产状、埋深和相对侵入时序;与构造侵位、底劈等有关的应查明不同级次构造控制作用;与褶皱变形有关的应据影像边界条件及节理特点探索形变期次
块状影像	详细研究影像的结构、构造特点;影像内色调的变化及色调异常的分布特点	按地质属性分类;沉积岩和浅变质岩类要研究岩层的岩性、岩相、厚度、接触关系和产状变化;侵入岩类要尽可能分解岩体接触关系,圈定接触变质带的范围;火山岩类要追踪火山机构,划分不同岩石区带;深变质岩类要划分岩性分区,研究接触关系和构造形变特点;第四纪堆积要划分成因类型,确定相对时序

二、遥感地质灾害调查

地质灾害是指由地球内外动力作用造成或由人为因素引发的各种地表环境破坏,使经济建设和人民生命财产遭受损失的地质现象。最常见的地质灾害包括以下几类。

(1)地壳变动类:火山爆发、地震。

(2)岩土位移类:崩塌、滑坡、泥石流。

(3)地面变形类:地面沉降、地裂缝、岩溶塌陷、煤田采空塌陷。

(4)其他:地下煤层自燃、冻胀、冻裂、冻融等。

其中地震、崩塌、滑坡、泥石流是发生最频繁、造成损失最直接的几种严重地质灾害。滑坡、泥石流主要发生在地形条件复杂、交通不便的山区,大多具突发性,历时短暂,来势凶猛,有强大的破坏力,灾后的实地调查难度很大。遥感技术的发展为灾情调查提供了方便。

(一)滑坡、泥石流调查的主要方法

(1)直接解译方法。滑坡、泥石流一旦发生便可形成一系列特殊的地貌特征,遥感图像以其形态、色调、纹理结构等影像特征宏观、真实地显示了这些地貌特征。解译人员可以运用多种图像处理方法,增强和提取这些影像信息,利用相关的专业知识和实践经验,直接识别灾害体的特征。

(2)动态对比方法。滑坡、泥石流虽然都有突发性,但它们的发生均与物质状况、动力环境和触发诱因等多方面条件有关,大多有一个难以被人们感官觉察的缓慢发展过程。运用不同时相遥感资料的对比解译能够识别这种变化的信息,从中发现滑坡、泥石流灾害的现状和活动规律。

(3)遥感图像资料的合理选用。目前,地质灾害的遥感调查通常采用航天遥感与航空遥感相结合的方法。航天遥感资料主要用于地质灾害的区域性宏观快速解译,了解地质灾害与区域地质背景等因素的关系,分析灾害展布的空间特征,探讨灾害发生的总体趋势。航空遥感资料则用于分析具体灾害体的形态、规模和运动方式等微观特征,有时还要进行灾害体某些要素的运算。因此,根据任务要求,合理选择遥感资料和工作方法是多快好省地实现调查目标的重要环节。

(4)遥感信息的综合分析方法。滑坡、泥石流等地质灾害是多种地球外营力和人类活动共同作用的结果。这些作用的过程和后果大多能在不同片种、不同波段、不同分辨率水平的遥感图像上以直接或间接的影像标志真实地反映出来。因此,对滑坡、泥石流等灾害的遥感调查实质上就是对这些影像标志的识别和综合分析过程。

(二)滑坡、泥石流的遥感解译内容

(1)定性识别滑坡、泥石流。依据滑坡、泥石流发生的最基本的地质、地貌环境和触发条件等原理,从灾害体特殊的总体形态、色调特征识别着手,定性地确定滑坡、泥石流的存在。

(2)微地貌结构解译。滑坡、泥石流灾害体有一系列微地貌特征,例如滑坡灾害的滑坡体、滑坡壁、滑坡洼地、滑坡阶地、滑坡鼓丘以及伴随滑坡产生的各种裂隙等;泥石流灾害的侵蚀物源区、流通区、扇状或锥状堆积区等。进行微地貌解译的目的是为进一步确定灾害的类型、规模、范围、性质、活动特点提供依据。由于微地貌的尺寸大多较小,解译需要采用具有较高空间分辨率的遥感图像。目视解译时应充分采用像对的立体观察方法。

(3)灾害体要素量算。滑坡、泥石流灾害遥感调查时常常需要对某些灾害体要素,如滑坡体的滑动距离、体积,泥石流堆积体的面积和体积等进行量测,以了解灾害的规模、灾情和活动特点。精确的定量计算需要在经过几何校正的航空图像上借助立体量测工具进行,或采用计算机数字测图方法。

(4)灾害特点分析与形成机制探讨。由于所处地貌、地质环境的不同,滑坡、泥石流灾害的特点常常会因地而异。这就需要在对灾害体作细致的定性、定量遥感解译的基础上,对该地区相关的地学资料,包括灾害发生的历史资料作系统的分析研究,结合必要的实地调查,在地质理论的指导下,了解灾害体的具体特点和环境条件,进而探讨灾害孕育、发展和触发的机制,进行灾害趋势的预测预警。

(5)灾情调查和损失评估。遥感方法是滑坡、泥石流等地质灾害发生后灾情调查和损失评估最快速而有效的方法。选择好灾害发生前后的具有足够空间分辨率的遥感图像是进行灾情评估的基础。参与对比的不同时相图像的时间间隔越短越好。在轨运行的卫星越来越多,空间分辨率不断提高,为灾情的遥感评估提供了方便。

第三节 水体遥感

传感器所接收到的辐射包括水面反射光、悬浮物反射光、水底反射光和天空散射光。不同水体的水面性质、水中悬浮物性质、水深和水底特性不同,传感器上接收的反射光谱特性存在差异,为遥感探测水体提供了基础。水体遥感的主要任务是通过遥感影像分析,获得水体的分布、泥沙、有机质等状况和水深及水温等要素的信息,对一个地区的水资源和水环境等作出评价,为水利、交通、航运及资源环境等部门提供决策服务。

一、水域变化监测

要测量水面面积,首先要准确标定水边线。根据水体对近红外和红外线部分几乎全吸收及雷达波在水中急速衰减的特性,应用航空像片和机载雷达图像可以获得准确的水边线位置,从而保证水面面积量测的精度。如图 8-4 所示为香港中文大学卫星遥感地面站接收的洞庭湖区域的雷达图像,图像显示洞庭湖区域的干旱面积扩大。从卫星图看,黑色代表水体,灰色为陆地,白色表示城镇和居民点。通过比较 7 月和 10 月的图像可以看出,干旱引起洞庭湖大面积的干涸。

(a)2006 年 7 月 16 日湖面

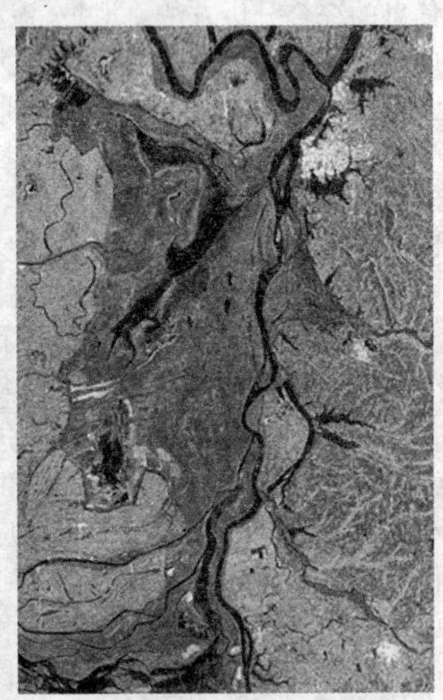

(b)2006 年 10 月 6 日湖面

图 8-4 湖面面积变化分布

二、水污染监测

水污染监测是指应用地面、航空、航天等遥感平台对河流、湖泊、水库和海洋进行探测，诊断水体的反射、发射、吸收特征的变化，从而快速地确定水污染的分布状况和位置的水污染监测方法。水污染遥感常用的仪器有红外扫描仪、多光谱扫描仪、微波系统和激光雷达等。监测对象主要是水面油污染、水中悬浮物、污水排放、赤潮藻类的类型和密度等。表 8-3 为水体各种污染类型的遥感影像特征。

表 8-3 水体各种污染类型的遥感影像特征

污染类型	生态环境变化	遥感影像特征
富营养化	浮游生物含量高	在彩色红外图像上呈红褐色或紫红色，在 MSS－7 图像上呈浅色调
悬浮泥沙	水体浑浊	在 MSS－5 像片上呈浅色调，在彩色红外像片上呈淡蓝、灰白色调，浑浊水流与清水交界处形成羽状水舌
石油污染	油膜覆盖水面	在紫外、可见光、近红外、微波图像上呈浅色调，在热红外图像上呈深色调，为不规则斑块状
废水污染	水色水质发生变化	单一性质的工业废水随所含物质的不同色调有差异，城市污水及各种混合废水在彩色红外像片上呈黑色
热污染	水温升高	在白天的热红外图像上呈白色或白色羽毛状，也称羽状水流
固体漂浮物		各种图像上均有漂浮物的形态

图 8-5 为卫星遥感太湖蓝藻水华监测图像。

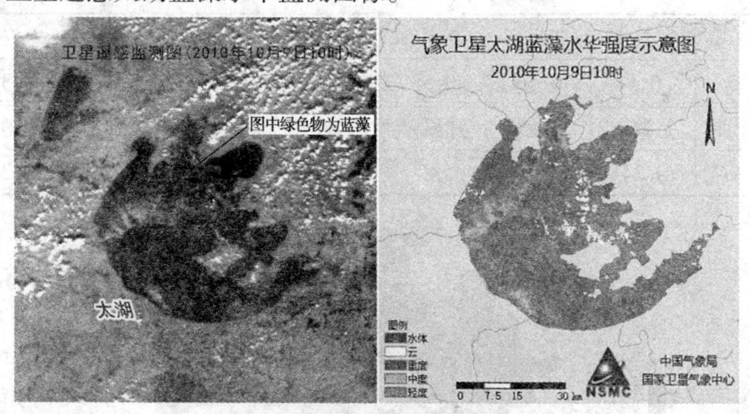

图 8-5 卫星遥感太湖蓝藻水华监测图像

第四节 植被遥感

植被是生长于地球表层的各种植物类型的总称，在地球系统中扮演着重要的角色，它是地球表层内重要的再生资源。植被是全球变化中最活跃、最有价值的影响要素和指示因子。植被影响地球系统的能量平衡，在气候、水文和生化循环中起着重要作用，是气候和人文因素对环境影响的敏感指标。因此，地球植被及其变化一直被各国科学家和政府所关注。卫星遥感是监测全球植被的有效手段，卫星从太空遥视地球，不受自然和社会条件的限制，迅速获取大范围观测资料，为人类提供了监测、量化和研究人类有序活动和气候变化对区域或全球植被变化影响的可能。

植被遥感正是利用遥感技术范围大、光谱范围广等特点对植被及相关系统进行监测、观测和保护的。植被遥感的对象是以一定植被类型为标志的特定陆地生态系统，即包括植被在内的自然综合体。遥感图像的空间结构，反映出植被与环境之间的相互作用、相互联系以及生态系统的功能，富有生态学内涵。植被遥感可以在大范围内经济而有成效地查清植被资源和监测环境动态，从空间以不同尺度来研究地球植被层的空间结构和变动规律以及多种自然灾害和人类活动对生物圈的影响，并把植被遥感信息转换成图像和数据，因而它可以为环境监测、生物多样性保护、农业、林业等相关部门提供信息服务。

植被指数是遥感领域中用来表征地表植被覆盖、生长状况的一个简单有效的度量参数。随着遥感技术的发展，植被指数在环境、生态、农业等领域有了广泛的应用。在环境领域，通过植被指数来反演土地利用和土地覆盖的变化，逐渐成为实现对全球环境变化研究的重要手段；在生态领域，随着斑块水平的生态系统研究成果拓展到区域乃至全球的空间尺度上，植被指数成了空间尺度拓展的连接点；在农业领域，植被指数广泛应用在农作物分布及长势监测、产量估算、农田灾害监测及预警、区域环境评价以及各种生物参数的提取等方面。截至目前，适应某个地区、某个特定用途的植被指数比较多，效果也比较好，但是适用于多地区、多用途的植被指数比较少。用的比较多且普遍效果比较好的是归一化植被指数 *NDVI*。

下面为安徽省的植被遥感监测简报：利用 2009 年 4 月 9 日 NOAA－17 卫星资料，对安徽省的植被状况进行监测，制作植被分布遥感监测图（见表 8-4、图 8-6、图 8-7）。

表 8-4　各市 NOAA 平均绿度值（归一化植被指数）

城市	淮北市	宿县市	亳州市	阜阳市	蚌埠市	淮南市	滁州市	六安市	巢湖市
NDVI	0.52	0.5	0.56	0.58	0.48	0.48	0.37	0.38	0.29
城市	马鞍山市	芜湖市	铜陵市	宣城市	池州市	安庆市	黄山市	合肥市	
NDVI	0.26	0.24	0.3	0.28	0.38	0.33	0.36	0.35	

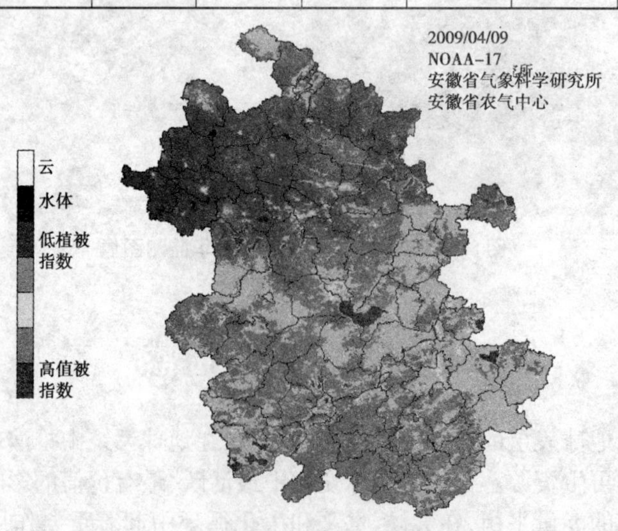

图 8-6　安徽省 2009 年 4 月 9 日植被指数（归一化植被指数）NOAA 监测图像

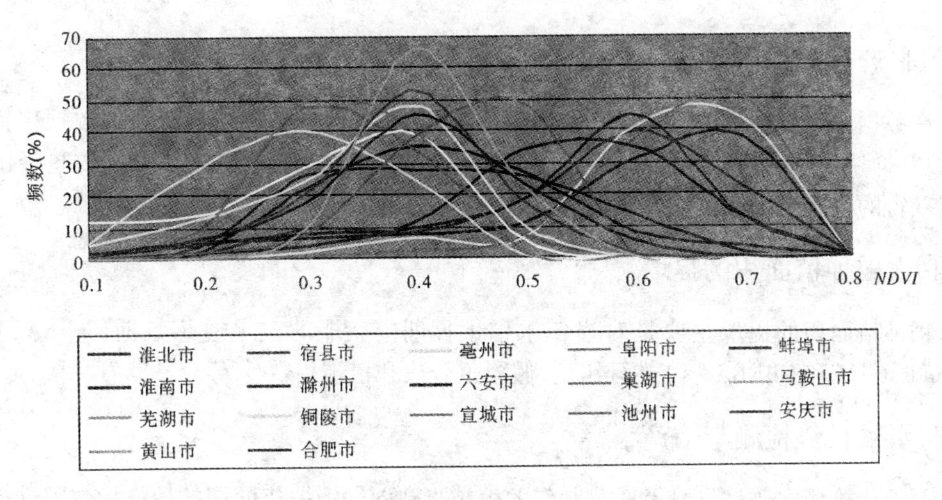

图 8-7 各市 NOAA 平均绿度值(归一化植被指数)频数曲线

第五节 农业遥感

农业遥感是指利用遥感技术进行农业资源调查、土地利用现状分析、农业病虫害监测、农作物估产等农业应用的综合技术。它是将遥感技术与农学各学科及其技术结合起来,为农业发展服务的一门综合性很强的技术。主要内容包括利用遥感技术进行土地资源的调查、土地利用现状的调查与分析、农作物长势的监测与分析、病虫害的预测以及农作物的估产等。农业是当前遥感应用的最大用户之一,下面以遥感应用于农作物的估产为例进行介绍。

农作物的产量取决于农作物面积和单位面积的产量。使用遥感技术能测出农作物的种植面积,也能够在大面积范围内对农作物叶子的光谱反射进行观测。因此,如果掌握了农作物的光谱反射特性与农作物生长状况的规律,也就是运用农作物的光谱反射特性作为农作物生长状态的指标,来判读不同地区的农作物的生长状态,如密度、病虫害、成熟程度等决定产量指标的因素,并且还掌握了各地决定作物生长的基本条件,如气候、土壤、地形、水利等,就有可能对作物的产量进行估测。

一、水稻遥感区划

按照水稻生长需要的光照、热量、水分等气候条件、地貌要素、土壤类型,参考农作物种植制度以及卫星遥感图像上反映出来的彩色和纹理的差别对水稻进行遥感区划,将水稻划分为几个区。

二、观测样点、样线和样块的布设

按照水稻遥感区划,在每个区里随机地布设若干观测样点,直接由农户观测并上报结果,包括水稻长势与上一年的比较情况,以及当年的实际单产。同时,布设若干条样线,然后将这些实地观测的数据存入数据库,作为分析水稻长势与估产的必备材料。

三、估产数据库的建立

估产数据库以基础地理图为统一的地理基础，存入历年水稻长势与估产的数据包括样点、样线和样块观测的数据，由卫星遥感图像处理提取的植被指数数据，以及从农村经济统计部门获得的以县为统计单位的农业统计数据。

四、水稻种植面积的提取

水稻种植面积的提取主要是对当年水稻生长期内获取的卫星遥感数据（NOAA、MODIS、Landsat TM 和 CBERS－1）进行纠正、假彩色合成和植被指数计算。

五、水稻长势检测与估产

水稻长势检测主要是将卫星遥感制作的植被指数图同上一年同期的植被指数图进行对比，再确定今年比去年好几成或差几成。当然还要通过及时上报的样点、样线、样块数据加以证实。

图 8-8 为 2009 年 7 月下旬意大利耕地作物长势遥感监测图像。意大利是欧洲重要的水稻和大豆生产国，种植区域主要分布在意大利北部部分地区，从长势监测情况来看，2009 年基本与 2008 年长势情况相同。但从生长过程曲线来看，1 月到 5 月期间，作物的长势情况要比 2008 年同期的长势情况差，从 5 月到 7 月下旬，长势情况转好，与 2008 年同期基本相同。

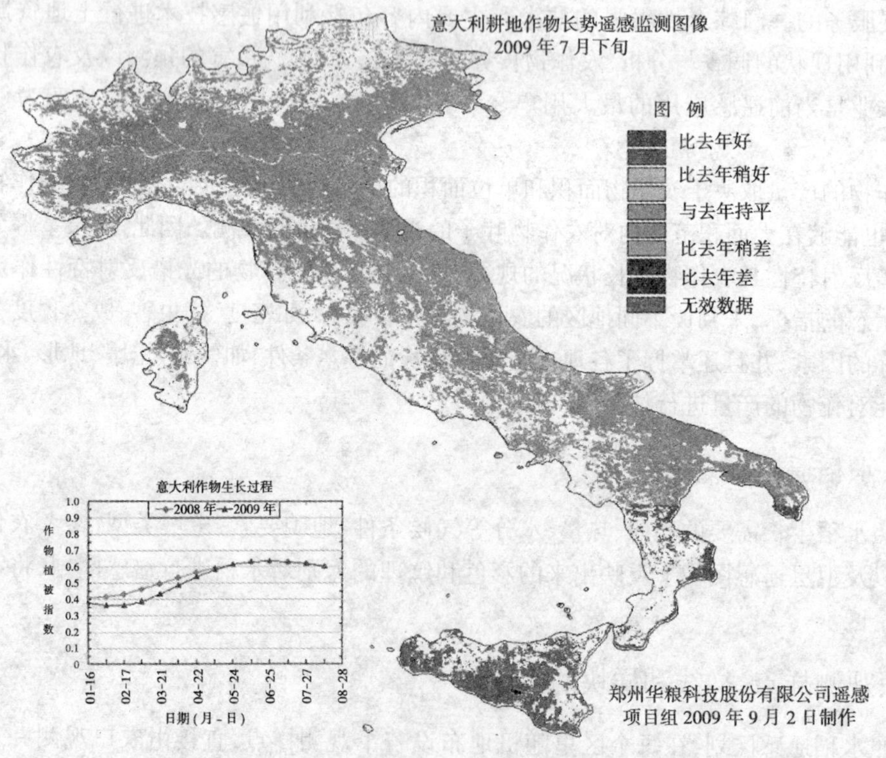

图 8-8　2009 年 7 月下旬意大利耕地作物长势遥感监测图像

第六节　海洋遥感

海洋不断地向周围辐射电磁波能量，同时，海面还会反射（或散射）太阳和人造辐射源（如雷达）照射其上的电磁波能量，利用专门设计的传感器，把这些电磁波能量接收、记录下来，再经过传输、加工和处理，就可以得到海洋的图像或数据资料。目前，用于海洋观测的所有卫星传感器，均根据电磁辐射原理获取海洋信息，可利用的波段包括可见光、红外、微波。卫星传感器的类型有以下几种。

（1）海色传感器：主要用于探测海洋表层叶绿素浓度、悬移质浓度、海洋初级生产力、漫射衰减系数以及其他海洋光学参数。

（2）红外传感器：主要用于测量海洋表面温度。

（3）微波高度计：主要用于测量平均海平面高度、大地水准面、有效波高、海面风速、表层流、重力异常、降雨指数等。

（4）微波散射计：主要用于测量海面上 10 m 处风场。

（5）合成孔径雷达：主要用于探测波浪方向谱、中尺度涡旋、海洋内波、浅海地形、海面污染以及海洋表面特征信息等。

（6）微波辐射计：主要用于测量海面温度、海面风速以及海冰水汽含量、降雨、CO_2 海－气交换等。

图 8-9 为 2007 年海洋一号 B 卫星成功向地面传回的第一幅遥感影像，标志着我国海洋卫星及其应用事业向系列化和规模化方向又前进了一大步。

图 8-9　2007 年海洋一号 B 卫星传回的第一幅遥感影像

图 8-10 为 1995 年 1 月 8 日海面温度影像，其中黑色部分代表云或地面，中国台湾的海水比大陆的海水约热 5 ℃。

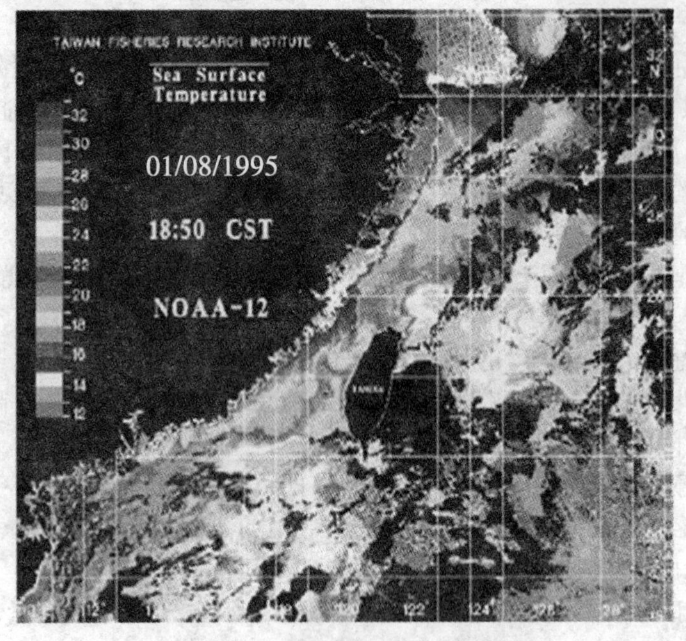

图 8-10　1995 年 1 月 8 日海面温度影像

第七节　城市遥感

城市是人口集中、集约经济活动及不同生活方式并存的复杂社会。城市又是人类活动的缩影，并且不断地经历着迅速变化的过程，需要及时地进行监测与分析。城市规划和城市建设者面临的重大任务之一，就是获取与分析那些能有效地用于城市规划、建设和管理的资料。城市遥感的任务就是为城市规划、建设和管理提供多方面的基础地理信息和其他与城市发展有关的资料，诸如城市土地利用现状、城市演变、城市及区域的自然状况、城市人口及其分布情况、城市道路与交通状况、城市热岛效应、通信受地理限制的因素等。城市遥感与传统的城市相关资料调查相比，既省时，又省钱，而且效率很高，因而具有广阔的应用和发展前景。

城市遥感主要是采用航空与航天遥感相结合，配合地面检查的方法。全球 3 000 多颗卫星（法国的 SPOT，美国的 QuickBrid，印度的 IRS 等）的运行，各种不定期的航空和地面遥感作业，可见光摄影、彩色红外摄影、热红外扫描、多光谱扫描等各种成像方式的使用，使得多分辨率、协光谱、多质量等级的城市动态信息（图像和数据）的获取成为可能。如今，城市遥感技术的运用，已成为城市规划、管理和城市现代化和科学化管理水平高低的一个重要标志。

我国建立了 1∶10 万比例尺全国主要城市扩展遥感监测数据库，如图 8-11 所示为我国 2008 年遥感监测的城市空间分布图。图上显示了全国直辖市、省会（首府）、特区城市等 56 个城市。如图 8-12 所示为北京 1975 年到 2005 年的城市扩张遥感监测图像。

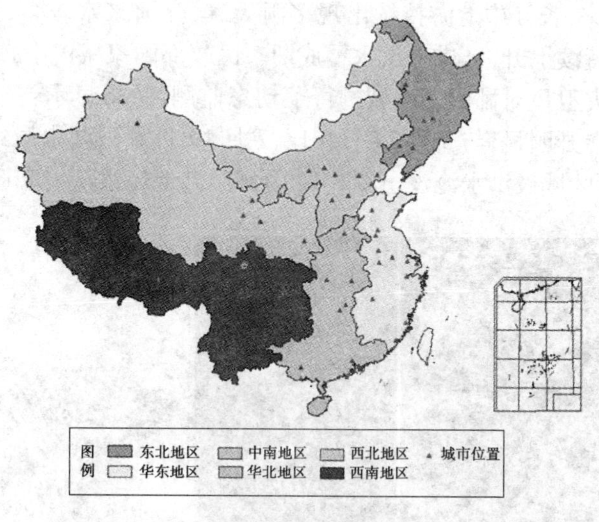

图 8-11　遥感监测的城市空间分布图

(a) 北京 1975 年陆地卫星 MSS 假彩色合成影像

(b) 北京 2005 年“北京一号”小卫星假彩色合成影像

图 8-12　北京城市扩张遥感监测图像

第八节　灾害遥感

我国是一个自然灾害种类繁多、发生频繁、危害严重的国家，特别是近年来由于生态环境一度恶化，灾害问题愈演愈烈。如何准确预报灾害来临时间，实时监控灾情发展，为灾害的防控提供强有力的支持，成为亟待解决的重大问题。

灾害遥感是指应用遥感技术，作为宏观、综合、动态、快速而准确的监测手段，获取自然灾害的发生、发展及受灾的损失情况信息，进行区域调查研究及预测、预报。遥感技术在灾害发生前，可以不断提供关于灾害发生背景和条件的大量信息，有助于确定某些灾害可能发生的地区、时段和危害程度，采取必要的防灾措施，减轻灾害造成的损失；在灾害发生过程中，可以不断监测灾害的进程和态势，及时把信息传输到各级抗灾指挥机关，帮助他们有效地组织抗灾活动；在成灾以后，可以在大范围内迅速准确地对灾害造成的损失进行分级评估，以便及时组织救灾。遥感技术在灾害调查中具有可快速进行大范围、立体性的灾害监测，获取信息量大、效率高，适应性强，可进行动态监测等优势。

2010 年 6 月以来，长江中上游持续出现多雨天气，江河来水较多，受此影响，中国最大淡水湖鄱阳湖水位持续上升，已进入洪水警戒期。民政部国家减灾中心/民政部卫星减灾应用中心利用环境减灾卫星对鄱阳湖水域进行了动态监测，结果显示：受降雨影响，鄱阳湖西部和中部水域水位上升明显，与 5 月 24 日相比，7 月 19 日鄱阳湖水域约 941 km^2 的浅水区水位明显上升，滩涂区域被洪水淹没。图 8-13 为鄱阳湖地区洪涝灾害遥感监测图像。

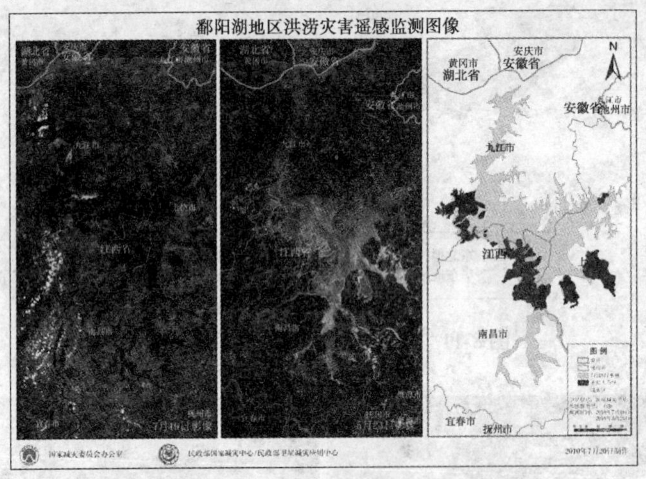

图 8-13　鄱阳湖地区洪涝灾害遥感监测图像

如图 8-14 所示，利用国家测绘局和解放军总参谋部测绘局提供的灾前（2008 年 7 月）和灾后（2010 年 8 月 8 日）高分辨率航空遥感数据对甘肃省舟曲县泥石流灾害进行灾情评估，分别计算出房屋、耕地和道路被泥石流与洪水淹没区域的面积，其中被泥石流损毁房屋 568 幢，面积达 60 639 m^2。

图 8-14　甘肃省舟曲县泥石流灾害遥感监测图像

习　题

遥感技术的主要应用领域有哪些？试举数例。

参 考 文 献

[1]孙家抦. 遥感原理与应用[M]. 武汉:武汉大学出版社,2009.

[2]汤国安,张友顺,刘咏梅. 遥感数字图像处理[M]. 北京:科学出版社,2004.

[3]党安荣,王晓栋,陈晓峰. ERDAS IMAGINE 遥感图像处理方法[M]. 北京:清华大学出版社,2009.

[4]彭望琭. 遥感概论[M]. 北京:高等教育出版社,2003.

[5]常庆瑞,蒋平安,周勇. 遥感技术导论[M]. 北京:科学出版社,2004.

[6]梅安新,彭望琭,秦其明. 遥感导论[M]. 北京:高等教育出版社,2005.

[7]李小文,刘素红. 遥感原理与应用[M]. 北京:科学技术出版社,2008.

[8]徐希孺. 遥感物理[M]. 北京:北京大学出版社,2005.

[9]童庆禧,张兵,郑兰芬. 高光谱遥感原理、技术与应用[M]. 北京:高等教育出版社,2006.

[10]杨昕. ERDAS 遥感数字图像处理实验教程[M]. 北京:科学出版社,2009.

[11]闫利. 遥感图像处理实验教程[M]. 武汉:武汉大学出版社,2010.

[12]Thomas M. Lillesand,Ralph W. Kiefer. 遥感与图像解译[M]. 4 版. 彭望琭,余先川,周涛,等译. 北京:电子工业出版社,2003.

[13]Rafaol C. Genzalaz,Richard E. Woods. 数字图像处理[M]. 阮和琦,阮宇智,译. 北京:电子工业出版社,2003.

[14]孙家抦,舒宁,关泽群. 遥感原理、方法和应用[M]. 北京:测绘出版社,1997.

[15]赵英时,等. 遥感应用分析原理与方法[M]. 北京:科学出版社, 2003.

[16]日本遥感研究会. 遥感精解[M]. 北京:测绘出版社, 1993.

[17]吕国楷. 遥感概论[M]. 北京:高等教育出版社, 1995.

[18]张永生,等. 遥感图像信息系统[M]. 北京:科学出版社, 2000.

[19]秦其明. 遥感概论网络教程[M]. 北京:高等教育出版社, 2003.

[20]朱述龙,张占睦. 遥感图像获取与分析[M]. 北京:科学出版社,2000.

[21]赵锐,汤君友,何隆华. 江苏省水稻长势遥感监测与估产[J]. 国土资源遥感,2002(3):9-11.

[22]李辉,李长安,张利华. 基于 MODIS 影像的鄱阳湖湖面积与水位关系研究[J]. 第四纪研究,2008,28(2):332-337.